城市中的大象

奥运五环

宝马车标

山核桃包装袋正面图

山核桃包装袋反面图

包装袋最终效果图

动物园海报

保护环境招贴画

香烟

CD包装

汽车

印章效果

邮票

信封

苹果汁包装

软件封面

逐帧动画电子钟

变形动画

遮罩动画探照灯效果

翻书效果

气泡飘浮效果

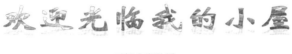
三棱文字效果

画轴展开效果

动态加入员效果

文字跟随鼠标效果

鼠标舞动效果

喜庆节日效果

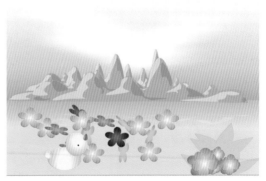
卡通绘图效果

高职高专信息技术类专业项目驱动模式规划教材

平面设计与动画制作案例教程（第2版）

王彩琴　陈超颖　方旭华　编著

清华大学出版社
北　京

内 容 简 介

本书采用"案例引导、任务驱动"的编写方式,以实用为目的,根据高等职业教育"理论够用、重在实践"的教学特点,注重对学生专业技能、动手能力的培养。书中对知识点进行了细致的取舍和编排,融通俗性、实用性和技巧性于一身。本书以项目为教学单元,由 Photoshop CS5 案例赏析、照片处理、办公用品设计、Logo 设计、广告设计、包装设计、Flash 案例赏析、基本动画制作、文字特效、交互动画共 10 个项目组成。其中,每个项目由若干个任务组成。每个任务又由案例简介、制作流程、操作步骤、课堂讲解、项目实训、思考与练习等几个环节组成。

本书既可作为高等职业院校、职高、应用类本科院校计算机应用专业或数字媒体艺术类专业平面设计及平面动画设计课程的教材,也可作为相关自学人员的参考用书。

图书在版编目(CIP)数据

平面设计与动画制作案例教程/王彩琴,陈超颖,方旭华编著.--2 版.--北京:清华大学出版社,2014(2020.9重印)
高职高专信息技术类专业项目驱动模式规划教材
ISBN 978-7-302-33212-1

Ⅰ.①平…   Ⅱ.①王… ②陈… ③方…   Ⅲ.①平面设计-高等职业教育-教材 ②动画制作软件-高等学校-教材   Ⅳ.①TP391.41

中国版本图书馆 CIP 数据核字(2013)第 160370 号

责任编辑:孟毅新
封面设计:傅瑞学
责任校对:袁 芳
责任印制:沈 露

出版发行:清华大学出版社
   网 址:http://www.tup.com.cn,http://www.wqbook.com
   地 址:北京清华大学学研大厦 A 座   邮 编:100084
   社 总 机:010-62770175   邮 购:010-62786544
   投稿与读者服务:010-62776969,c-service@tup.tsinghua.edu.cn
   质量反馈:010-62772015,zhiliang@tup.tsinghua.edu.cn
   课件下载:http://www.tup.com.cn,010-62795764
印 装 者:三河市少明印务有限公司
经 销:全国新华书店
开 本:185mm×260mm 印 张:19.75 插 页:2 字 数:457 千字
版 次:2009 年 10 月第 1 版 2014 年 1 月第 2 版 印 次:2020 年 9 月第 6 次印刷
定 价:59.00 元

产品编号:050662-02

Photoshop 是目前平面设计、网页设计、数码暗房、动画制作等诸多领域应用最为广泛的图像处理和编辑软件之一。Flash 是专业化的二维动画制作软件,广泛应用于美术设计、网页制作、多媒体软件及教学光盘制作等诸多领域。二者的黄金组合以其强大的功能与易用性成为平面作品设计与制作者的首选工具。

目前,有关 Photoshop 和 Flash 的参考书籍虽然非常多,但大多是以知识点为主线,而一些所谓的案例教学也只是单纯的讲解案例的制作,真正从工作过程出发通过案例分析来激发学生的求知欲的教材少之又少。为免去教师在备课的过程中花大量时间去寻找合适案例之苦,笔者根据自己多年的平面设计、动画制作及授课经验,精心选择适合高职学生学习和制作,且在实际工作中非常有用的案例来组织编写。

本书的主要特点如下。

(1) 打破传统教材编写模式,以先进教学理念为指导。以项目为基线,以任务驱动为导向,每个项目都精选了一些在工作过程中比较常用的,且能引起学生浓厚兴趣的案例赏析和设计,将枯燥的理论化解到具体作品设计的实现过程中,避免了为学而学的惯例学习方法。

(2) 案例的选择以培养学习者的应用能力为目的。根据高等职业教育"理论够用、重在实践"的教学特点,注重对学生专业技能、动手能力的培养。对理论知识不是片面苛求知识体系的系统性和完整性,而是以够用为原则。采用由浅入深、循序渐进的讲述方法,合理安排 Photoshop/Flash 知识点,并结合具有代表性的示例着重介绍一些设计构思过程及制作技巧,使其具有很强的易读性、实用性和可操作性。

(3) 融"教、学、做"于一体,理论与实践密切地结合在一起。本书中的主要案例和实训项目既有设计分析,又有详细的操作步骤并配以知识点讲解。从案例的构思到使用 Photoshop/Flash 实现循序渐进地进行详细讲解,让读者可以按照书本的制作步骤完成作品的制作,同时知识点也在轻松愉快的设计过程中掌握并得以应用,并通过 DIY 的实践培养了学习者的应用能力和动手能力。

本书由王彩琴、陈超颖、方旭华编著,王宝军主审。其中,项目 1、项目 3、项目 5 由浙江交通职业技术学院的陈超颖编写,项目 2、项目 4、项目 6 由浙江交通职业技术学院的方旭华编写,项目 7~项目 10 由浙江交通职业技术学院的王彩琴编写。

本书编者提供了教材各项目的思考与练习题的参考答案,全书的教学课件,案例、项目实训、操作题中引用的所有多媒体素材及源程序,读者可从清华大学出版社网站 http://www.tup.com.cn 下载。

尽管在编写过程中编者已经尽了最大努力,但由于水平有限,书中难免有不足之处,敬请诸位同行、专家和读者指正。

编　者

2013 年 12 月

Photoshop CS5 案例赏析

★**技能目标**

（1）熟练掌握 Photoshop CS5 的工作箱、工作面板的应用。

（2）能够利用 Photoshop CS5 绘制简单图形。

★**知识目标**

（1）了解 Photoshop CS5 的应用领域。

（2）熟悉 Photoshop CS5 的工作界面。

任务 1.1　Photoshop CS5 应用领域简介

Photoshop CS5 的应用领域很广泛,在图像、图形、文字、视频、出版各方面都有涉及。

1. 平面设计

平面设计是 Photoshop CS5 应用最为广泛的领域,无论是人们阅读的图书封面,还是大街上看到的招贴、海报,这些具有丰富图像的平面印刷品,基本上都需要用 Photoshop CS5 软件对图像进行处理。

2. 修复照片

Photoshop CS5 具有强大的图像修饰功能。利用这些功能,既可以快速修复一张破损的老照片,也可以修复人脸上的斑点等缺陷。

3. 广告摄影

广告摄影作为一种对视觉要求非常严格的工作,其最终成品往往要经过 Photoshop CS5 的修改才能得到满意的效果。

4. 影像创意

影像创意是 Photoshop CS5 的特长,通过 Photoshop CS5 的处理,既可以将原本风马牛不相及的对象组合在一起,也可以使用"狸猫换太子"的手段,使图像令人"耳目一新"。

5. 艺术文字

当文字遇到 Photoshop CS5 处理时,就已经注定不再普通。利用竖排 Photoshop CS5 可以使文字发生各种各样的变化,并可以利用这些艺术化处理后的文字为图像增加效果。

6. 网页制作

网络的普及是促使更多人需要掌握 Photoshop CS5 的一个重要原因。因为在制作网页时，Photoshop CS5 是必不可少的网页图像处理软件。

7. 建筑效果图后期修饰

在制作建筑效果图包括许多三维场景时，人物与配景包括场景的颜色常常需要在 Photoshop 中增加并调整。

8. 绘画

由于 Photoshop CS5 具有良好的绘画与调色功能，许多插画设计制作者往往使用铅笔绘制草稿，然后用 Photoshop CS5 填色的方法来绘制插画。

除此之外，近些年来非常流行的像素画也多为设计师使用 Photoshop CS5 创作的作品。

9. 绘制或处理三维贴图

在三维软件中，如果只能制作出精良的模型，而无法为模型应用逼真的贴图，也无法得到较好的渲染效果。实际上在制作材质时，除了要依靠软件本身具有材质功能外，利用 Photoshop CS5 还可以制作在三维软件中无法得到的合适的材质也非常重要。

10. 婚纱照片设计

目前，越来越多的婚纱影楼开始使用数码相机，这也使得婚纱照片设计的处理成为一个新兴的行业。

11. 视觉创意

视觉创意与设计是设计艺术的一个分支，此类设计通常没有非常明显的商业目的，但由于它为广大设计爱好者提供了广阔的设计空间，因此越来越多的设计爱好者开始学习 Photoshop，并进行具有个人特色与风格的视觉创意。

12. 图标制作

虽然使用 Photoshop CS5 制作图标在感觉上有些大材小用，但使用此软件制作的图标的确非常精美。

13. 界面设计

界面设计是一个新兴的领域，已经受到越来越多的软件企业及开发者的重视，虽然暂时还未成为一种全新的职业，但相信不久一定会出现专业的界面设计师职业。由于在当前还没有作界面设计的专业软件，因此绝大多数设计者使用的都是 Photoshop CS5。

任务 1.2　Photoshop CS5 案例赏析

案例 1　照片处理

Photoshop CS5 可以对照片进行多方面处理，如修复老照片、修饰人物皮肤、提高照

片清晰度、调整照片色调等。处理前的照片如图 1-1 所示,皮肤上有皱纹、斑点,处理后的
照片如图 1-2 所示皮,肤变得白里透红、粉嫩漂亮。

图 1-1　处理前的照片　　　　　　　　　　图 1-2　处理后的照片

案例 2　贺卡制作

自己制作一张小小的贺卡,虽然只有只言片语,但传递的是对亲友感同身受的亲情、
友情、爱情,这不是几个冷冰冰的字符可以替代的。图 1-3 所示为情人节贺卡。

图 1-3　情人节贺卡

案例 3　Logo 设计

Logo 是广告宣传中不可缺少的重要元素,一个好的 Logo 设计应该独特、精美,并与
设计主题的整体风格相融。作为具有传媒特性的 Logo,为了在最有效的空间内实现所有
的视觉识别功能,一般是通过特示图案及特示文字的组合,实现对被标识体的出示、说明、
沟通、交流,从而引导大众的兴趣,并达到增强美感、容易记忆等目的。在文字 Logo 设计
时,将某个笔画替换成有意义或有趣的图形会使整个图形活跃起来,如图 1-4 所示;图案

Logo 也可以用抽象的图形来表达含义,如图 1-5 所示。

图 1-4　文字 Logo

图 1-5　图案 Logo

案例 4　名片设计

　　名片为方寸艺术,设计精美的名片能让人爱不释手,即使与接受者交往不深,别人也乐于保存;设计普通的名片则只能用来交流,而在普通的应酬后,很可能被人遗弃,因此不能发挥它应有的功效。名片设计不同于一般的平面设计,大多数平面设计的设计表面较大,因而给人以足够大的表现空间;名片则不然,它只有小小的表面设计空间,要想在小小的面积内发挥,其难度可想而知。

　　过去的名片设计大多以简单扼要为主,现在所使用的名片在字体表现、色块表现、图案表现、色彩表现、装饰表现,甚至是排版的变化,使名片不再是一张简单而没有生气的纸片;它变成人与人初次见面时加深印象的一种媒介。它在大多情况下不会引起人的专注和追求,而是便于记忆、具有更强的识别性,让人在最短的时间内获得所需要的情报。因此,名片设计要做到文字简明扼要、字体层次分明,从而使传递的信息明确;强调设计意识,构图完整明确;艺术风格要新颖,便于记忆和识别,如图 1-6 所示。

图 1-6　名片

案例 5　海报制作

　　海报是一种大众化的宣传工具。海报设计必须有相当的号召力与艺术感染力,并能以其醒目的画面吸引路人的注意。要表达充分的视觉冲击力,可以通过图像和色彩来实现;而要做到内容精练、抓住主要诉求点,则一般以图片为主、文案为辅,同时主题字体醒目,如图1-7所示。

图 1-7 运动海报

案例 6 包装设计

优秀的包装,不仅在卖场会吸引顾客的注意力,还会将产品进一步提升,是任何知名企业都不敢忽视的市场策略。包装界面中所涉及的内容在平面设计软件中进行整体编排和设计,它涉及文字设计、图形设计、色彩设计、图文编排等。如图1-8所示普洱茶的包装就很有中国特色。目前,Photoshop是包装设计方面最常用的软件,它操作方便、功能强大,且在图形生成、文字设计、图文编排和图形处理上有相当大的优势。

图 1-8 普洱茶的包装

案例 7　插画设计

插画是运用图案表现的形象，本着审美与实用相统一的原则，尽量使线条、形态清晰明快，制作方便。插图是世界通用的语言，如图1-9所示的是儿童绘本的插画。

图1-9　儿童绘本的插画

任务 1.3　一个 Photoshop CS5 入门案例

本节知识要点：
(1) 新建文档。
(2) Photoshop CS5 的工作环境。

1.3.1　案例简介

通过入门案例学习如何新建文件、熟悉 Photoshop CS5 的工作环境，掌握一些常用工具和功能菜单的使用方法，系统地学习应用 Photoshop CS5 完成"禁烟 Logo"制作的全过程，本例最终效果如图1-10所示。

1.3.2　制作流程

新建文档→设置颜色→绘制标志→合并图层。

图1-10　禁烟 Logo

1.3.3　操作步骤

(1) 新建文档。执行"文件"→"新建"命令，弹出如图1-11所示的"新建"对话框，设置宽度为10厘米，高度为10厘米，分辨率为72像素/英寸，颜色模式为 RGB，背景内容为"透明"，如图1-11所示，单击"确定"按钮。

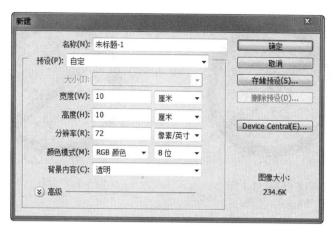

图 1-11 新建文件

（2）单击工具箱中的"默认前景色和背景色"按钮 ，设定前景色为黑色，背景色为白色，如图 1-12 所示。

图 1-12 设置颜色

（3）选择工具箱中的椭圆选框工具 ，按住 Shift 键在文档中单击并移动，绘制适当大小的正圆，如图 1-13 所示。

（4）执行"编辑"→"描边"命令，设置宽度为 20 像素。按 Ctrl＋D 键取消选区，如图 1-14 所示。

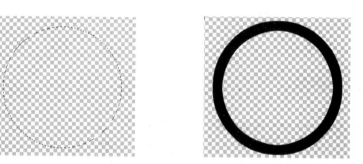

图 1-13 绘制选框   图 1-14 描边选框

（5）执行"图层"→"新建"命令，新建一个图层 2。在图层 2 中，选取矩形选框工具 ，绘制矩形，并用油漆桶工具 填充前景色为黑色。按 Ctrl＋T 键对矩形进行旋转，按 Ctrl＋D 键取消选区，然后用移动工具 将矩行移动到适当位置，从而完成禁止标志的制作，如图 1-15 所示。

（6）制作香烟。新建图层 3，再次绘制矩形选区，单击前景色板，选取黄色，并用前景色填充矩形选区，按 Ctrl＋D 键取消选区，如图 1-16 所示。

（7）新建图层 4，绘制一个宽度与步骤（6）相同、长度是其 3～5 倍的矩形选区，并用背景色白色填充，按 Ctrl＋D 键取消选区，并将其左端与黄色矩形的右端对齐，如图 1-17 所示。

（8）同时选中图层 3 和图层 4，并执行"图层"→"合并图层"命令。如图 1-18 所示。

图 1-15   完成禁止标志

图 1-16   制作烟头

图 1-17   完成的禁烟标记

图 1-18   图层状态

1.3.4 课堂讲解

1. Photoshop CS5 的工作环境

在使用 Photoshop CS5 绘图和编辑图像之前,有必要先熟悉一下 Photoshop CS5 的工作环境。图 1-19 所示是 Photoshop CS5 新建文档后的工作环境。

Photoshop CS5 最明显的特点就是更换了工具栏图标,当在计算机中安装了竖排 Photoshop CS5 软件后,启动软件即可看到 Photoshop CS5 的操作界面,该操作界面包括快速启动栏、菜单栏、工具箱、选项栏等,且各个区域包含的内容不大相同。

(1)快速启动栏:它用于放置多个选项按钮,快速进行程序的启动和设置。在该程序栏中包括"启动 Bridge"按钮、"启动 Mini Bridge"按钮、"查看额外内容"按钮、"排列文档"按钮等,Photoshop CS5 的快速启动栏如图 1-20 所示。

(2)工具箱:Photoshop CS5 最大的改变就是工具箱变成可伸缩的了。只要单击在工具箱上方的"双箭头"按钮,就可以任意切换,如图 1-21 所示。工具箱中包含了用于创建和编辑图像的工具。按照使用功能可以将它们分为 7 组,分别是选择工具、裁剪和切片工具、修饰工具、绘图工具、文字工具、注释工具、导航工具以及其他的控制按钮,如图 1-22 所示。

图 1-19　Photoshop CS5 新建文档后的工作环境

图 1-20　Photoshop CS5 的快速启动栏

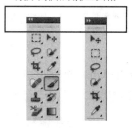

图 1-21　切换工具箱

　　（3）属性栏：工具箱中的大部分工具，都可以在属性栏中设置属性。选择了不同的工具，属性栏就会发生变化。图 1-23 所示的就是当工具箱中选择画笔工具 时属性栏显示的内容。

　　（4）状态栏：它位于图像窗口的底部，用来显示图像文件的视图比例、文档的大小、当前使用的工具等相关信息。

　　（5）面板：它位于工作窗口的右边，如导航器面板、样式面板、图层面板、历史记录面板等，用来完成大多数图像处理操作和一些辅助功能设置。在默认的情况下，面板分为两组，其中一组为展开状态，另一组为折叠状态，人们可以根据需要随时打开、关闭或自由组合面板。当面板处于折叠状态时如图 1-24 所示，单击面板上的 按钮，可以展开面板。

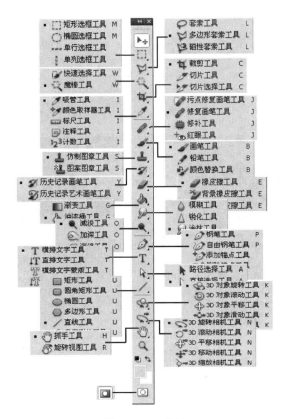

图 1-22　工具箱

图 1-23　当工具箱中选择"画笔工具"时属性栏显示的内容

在面板组单击一个面板的名称,可以设置该面板为当前面板,同时显示面板中的选项,如图 1-25 所示为"色板"面板。

图 1-24　折叠时的面板　　　　　图 1-25　"色板"面板

① 分离面板：将光标移至面板的名称上，将其拖至窗口的空白处，可以将面板从面板组中分离出来，如图 1-26 所示。

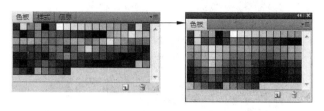

图 1-26　分离面板

② 合并面板：将光标移至面板的名称上，并将其拖至其他面板名称的位置，放开鼠标键后，可以将面板合并到目标面板中，如图 1-27 所示。

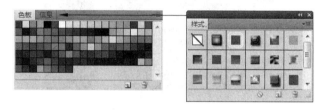

图 1-27　合并面板

说明：按 Tab 键可以隐藏工具箱、属性栏和所有的面板；按 Shift＋Tab 键可以隐藏面板，但保留工具箱和属性栏。再次按 Shift＋Tab 键可以重新显示隐藏的内容。

2. 设置颜色

前景色和背景色是用户当前使用的颜色。工具箱中包含前景色和背景色的设置选项。它由设置前景色、设置背景色、切换前景色和背景色以及默认前景色和背景色等部分组成。

在使用绘图工具或文字工具时，在画面中呈现的是前景色；在清除背景图像时，被擦除的区域显示的背景色。另外，当增大画布时，增加的那部分画布以背景色填充。

（1）设置前景色和背景色。单击设置前景色和背景色颜色块，既可以在打开的拾色器中设置颜色，也可以在颜色面板或色板面板中设置它们的颜色，或者使用吸管工具　，拾取图像中的颜色作为前景色或背景色。

（2）切换前景色和背景色。单击"切换前景色和背景色"按钮　，或者是使用 X 快捷键，可以切换前景色和背景色。

（3）默认前景色和背景色。单击"默认前景色和背景色"按钮　，或者是使用 D 快捷键，可以将前景色和背景色恢复为默认状态，即前景色为黑色，背景色为白色。

项目实训

城市中的大象

实训要求：合成一只迷失在城市繁华街头的巨型大象，效果如图 1-28 所示。

图 1-28　城市中的大象

制作步骤如下。

(1) 打开"城市.jpg",把大象素材移入,按 Ctrl+T 键,放大大象图片如图 1-29 所示,图层状态如图 1-30 所示。

图 1-29　放大大象图片　　　　　　　　　　图 1-30　"图层 1"状态

(2) 拖动"图层 1"到"图层"面板中,单击"创建新图层"按钮 ,复制出"图层 1 副本"。

(3) 对大象制作倒影,选择"图层 1 副本"为当前图层,按 Ctrl+T 键进行变形旋转,如图 1-31 所示,图层状态如图 1-32 所示。

图 1-31 复制大象并变形

图 1-32 "图层 1 副本"状态（一）

（4）按住 Ctrl 键，同时单击"图层 1 副本"缩略图，载入图层选区，获得大象倒影选区，如图 1-33 所示。

（5）右击并在弹出的快捷菜单中选择"羽化"命令，设置羽化像素为 5，设置前景色为黑色，按 Alt＋Delete 键填充大象倒影选区，按 Ctrl＋D 键取消选区，如图 1-34 所示。

图 1-33 载入大象倒影选区

图 1-34 填充大象倒影选区

（6）为了让倒影置于大象脚下，在图层面板中，拖动"图层 1 副本"到"图层 1"下方，图层状态如图 1-35 所示。

（7）调整"图层 1 副本"的不透明度为 95％，效果图如图 1-28 所示，图层状态如图 1-36 所示。

图 1-35　"图层 1 副本"状态(二)　　　图 1-36　"图层 1 副本"状态(三)

思考与练习

一、单项选择题

1. Photoshop 的工具箱中,有的工具按钮右下角的小三角表示(　　　)。

　　A. 该工具是一个工具组　　　　B. 单击可打开该工具对话框

　　C. 该工具没有子工具　　　　　D. 该工具具有特殊操作命令

2. 在当今电脑平面设计中,使用最多的图形图像处理软件是(　　　)。

　　A. CorelDRAW　　　　B. 3ds max　　　　C. Pagemaker　　　　D. Photoshop

3. 显示当前应用程序名称的部分在 Photoshop 中被称为(　　　)。

　　A. 工具栏　　　　　B. 状态栏　　　　　C. 标题栏　　　　　D. 菜单栏

二、操作题

绘制如图 1-37 所示图形。

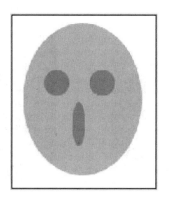

图 1-37　操作题图

照 片 处 理

★技能目标

能利用 Photoshop CS5 对照片进行去除红眼、为黑白照片上色、对照片的脸部进行调整、去除照片背景、合成照片等后期处理。

★知识目标

(1)掌握 Photoshop CS5 图像选取的基本方法。

(2)了解照片处理的基本方法。

(3)掌握照片处理相关工具的使用。

任务 2.1 美化照片中的人物

本节知识要点：

(1)套索工具的使用。

(2)快速蒙板的使用。

(3)调整曲线命令。

2.1.1 案例简介

平时拍摄的相片往往会出现亮度不够、脸部出现痘痘或肤色不够白等现象,本例采用 Photoshop 中提供的各种工具对照片进行美化,美化前后的效果图如图 2-1、图 2-2 所示。

图 2-1 美化前的效果图　　　　图 2-2 美化后的效果图

2.1.2 制作流程

打开图片→选取需要调整的区域→调整亮度→去除雀斑→肤色增白。

2.1.3 操作步骤

(1) 打开 Photoshop CS5,执行"文件"→"打开"命令,打开照片 female.jpg,如图 2-1 所示。

(2) 首先,提高整个画面的亮度,观察图片可以看出,整个画面右下角的亮度比较大,因此使用套索工具 选取右下角部位,如图 2-3 所示。单击"以快速蒙板模式编辑"按钮 进入快速蒙板,使用橡皮工具,设置画笔大小为 30,流量为 20%,在选区上涂抹柔化选区。

(3) 单击"以快速蒙板模式编辑"按钮 退出快速蒙板编辑模式,按 Ctrl＋Shift＋I 键进行反选,执行"图像"→"调整"→"曲线"命令,曲线参数设置如图 2-4 所示,单击"确定"按钮。

图 2-3 建立选区

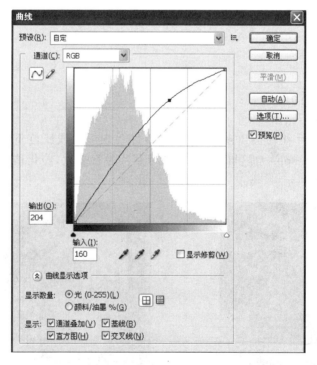

图 2-4 曲线参数设置

(4) 选取仿制图章工具 ,设置画笔直径为 5,流量为 85%,按住 Alt 键的同时单击脸部没有雀斑的位置作为参考点,如图 2-5 所示,在雀斑处单击清除雀斑,重复此操作,得到如图 2-6 所示清除雀斑的效果图。

图 2-5　选取参考点　　　　　图 2-6　清除雀斑后的效果图

（5）单击"图层"面板中的"创建新的图层"按钮 ，创建一新的图层。单击"通道"面板,按住 Ctrl 键的同时单击 RGB 通道,回到"图层"面板,将前景色设置为白色,按 Alt＋Delete 键填充,图像增白了,使用橡皮擦工具擦除掉不需要增白的部位。并设置图层不透明度为46％,如图 2-7 所示,得到最终效果图如图 2-2 所示。

图 2-7　设置图层不透明度

2.1.4　课堂讲解

1. 红眼工具

红眼工具可以去除照片中人的红眼以及照片中动物的白眼或者绿眼。

右击工具箱中的污点修复画笔工具 ,在弹出的选项中单击红眼工具,红眼工具属性栏如图 2-8 所示。

图 2-8　红眼工具属性栏

（1）瞳孔大小:调节瞳孔的大小,即眼球的黑色中心。

（2）变暗量:调节瞳孔的黑度,即去除红眼之后图像的变暗程度。

2. 套索工具

使用套索工具可以选取不规则的区域,Photoshop CS5 有 3 种套索工具,即套索工具、多边形套索工具和磁性套索工具,如图 2-9 所示。

（1）套索工具。套索工具可以进行不规则形状的选取。套索工具属性栏如图 2-10所示。图 2-11 为使用套索工具选取的物体。

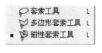

图 2-9　套索工具

图 2-10　套索工具属性栏

图 2-11　使用套索工具选取的物体

　　(2) 多边形套索工具。多边形套索工具可以在图片上绘制一个直线型不规则的多边形区域。多边形套索的使用方法和套索工具基本相同。多边形套索工具的属性栏与套索工具属性栏一样。图 2-12 为使用多边形套索工具选取的物体。

图 2-12　使用多边形套索工具选取的物体

　　(3) 磁性套索工具。磁性套索工具能按照图像颜色的不同将图像相似部分选取出来，大小由选取边缘在指定宽度内的不同像素值的反差决定。磁性套索可以解决使用套索工具定位不精确的问题。磁性套索工具属性栏如图 2-13 所示。

图 2-13　磁性套索工具属性栏

　　图 2-14 为使用磁性套索选取的物体，对比图 2-11 可以发现，使用磁性套索工具更容易选取边缘较清晰的图片。

图 2-14 使用磁性套索工具选取的物体

任务 2.2 为黑白照片上色

本节知识要点：
（1）套索工具的使用。
（2）调整色相/饱和度。
（3）调整边缘。

2.2.1 案例简介

本例使用 Photoshop CS5 的"调整色相/饱和度"菜单中的"着色"选项为黑白照片上色，将黑白照片调整为彩色照片，上色前后的对比效果图如图 2-15 和图 2-16 所示。

图 2-15 上色前的效果图

图 2-16 上色后的效果图

2.2.2 制作流程

打开图片→分别对外套、领带、毛衣建立选区→调整色相/饱和度→抠掉背景。

2.2.3　操作步骤

（1）打开 Photoshop CS5，执行"新建"→"打开"命令，打开 Photo.jpg。右击选择工具箱中的套索工具 ，选择磁性套索工具，拖动鼠标建立如图 2-17 所示外套选区。

（2）执行"图像"→"模式"→"RGB 模式"命令，将图像转换为 RGB 模式。执行"图像"→"调整"→"色相/饱和度"命令，勾选"着色"复选框，设置色相为 205；饱和度为 48；明度为一20，如图 2-18 所示。

图 2-17　外套选区

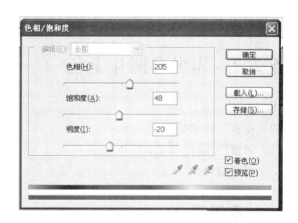

图 2-18　外套选区色相/饱和度参数设置

（3）单击工具箱中的缩放工具 ，单击"放大"按钮 ，单击图像将图像放大便于操作。单击工具箱中的磁性套索工具，建立如图 2-19 所示领带选区。

（4）执行"图像"→"调整"→"色相/饱和度"命令，勾选"着色"复选框，设置色相为293，饱和度为 32，明度为一10。

（5）单击工具箱中的磁性套索工具 ，建立如图 2-20 所示毛衣选区。

图 2-19　领带选区

图 2-20　毛衣选区

（6）执行"图像"→"调整"→"色相/饱和度"命令，勾选"着色"复选框，设置色相为 35，饱和度为 33，明度为 0。

（7）单击工具箱中的磁性套索工具 ，建立如图 2-21 所示背景选区。

（8）执行"选择"→"调整边缘"命令，设置平滑为 46，羽化为 1。

（9）用同样方法选取头发，执行"图像"→"调整"→"色相/饱和度"命令，勾选"着色"复选框，设置色相为 33，饱和度为 12，明度为 0；选取脸部区域，执行"图像"→"调整"→"色相/饱和度"命令，勾选"着色"复选框，设置色相为 33，饱和度为 30，明度为 0；并将背景色设置为白色，按 Delete 键删除背景。得到如图 2-16 所示最终效果图。

图 2-21　背景选区

2.2.4　课堂讲解

调整色相/饱和度

"色相/饱和度"命令主要用于改变图像的色相、饱和度和明度，也可以通过给像素定义新的色相和饱和度，实现给灰度图像上色的功能，还可以设置单色效果。

执行"图像"→"调整"→"色相/饱和度"命令，或按 Ctrl＋U 键弹出"色相/饱和度"对话框，如图 2-22 所示。用户可以通过拉动滑块、填入数字、在数字区域使用鼠标滚轮、使用上下箭头按键、按住 Ctrl 键左右拖动或在色相这两个文字上左右拖动来改变数值。

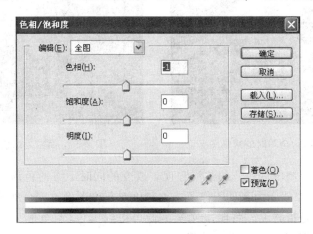

图 2-22　"色相/饱和度"对话框

（1）编辑：选择所要调整的颜色范围。当下拉列表框选择"全图"时，可以对图像中所有的像素起作用，若选择其他颜色项时，则只对当前选中的颜色起作用。分别选择拖动滑块或在输入框输入数值可以调整所选颜色的色相、饱和度和明度。

对本项目学习任务 2.1 中的图 2-11 执行"图像"→"调整"→"色相/饱和度"命令，设置编辑为全图,色相为70,如图 2-23 所示,从而得到图 2-24 所示的效果图。观察图 2-23 中的两条色谱,上面的色谱是固定的,下方的色谱会随着色相滑块的移动而改变。这两个色谱的状态就是色相改变的结果。图 2-23 中方框所示区域显示原来的绿色变成了蓝色。

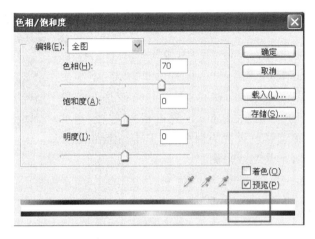

图 2-23　调整色相/饱和度

对图 2-24 执行"图像"→"调整"→"色相/饱和度"命令,设置编辑为绿色,色相为 70。得到图 2-25 所示效果图。

图 2-24　编辑为全图时的效果图　　　　　图 2-25　编辑为绿色时的效果图

(2)饱和度:控制图像色彩的浓淡程度。改变的同时下方的色谱也会跟着改变。其调至最低的时候图像就变为灰度图像了。饱和度对灰度图像改变色相不起作用。

(3)明度:就是指亮度。将明度调至最低可得到黑色,调至最高可得到白色。对黑色和白色改变色相或饱和度都没有效果。

(4)着色:将画面改为同一种颜色的效果。勾选"着色"复选框,然后设置色相就可以改变颜色,若色相值不同则颜色也不同。若只需要改变部分区域的色相,则可以先使用选取工具进行选取。对图 2-25 勾选"着色"复选框,设置色相为 0,饱和度为 70,明度为 19,可得到如图 2-26 所示的效果。

图 2-26　单色效果图

任务 2.3　变换背景

本节知识要点：
（1）蒙板的使用。
（2）调整边缘。
（3）修边命令。

2.3.1　案例简介

当对照片的背景或背景颜色不满意时，可以通过变换背景来得到不同的效果，本例采用 Photoshop CS5 中提供的各种工具对照片进行背景的变换，变换前后的效果图如图 2-27 和图 2-28 所示。

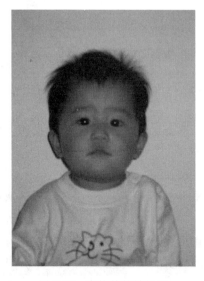

图 2-27　变换前的效果图

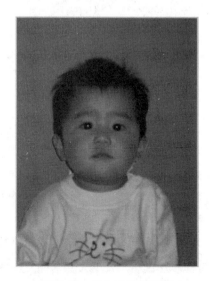

图 2-28　变换后的效果图

2.3.2　制作流程

打开图片→使用套索选取轮廓→使用通道选取头发边缘→使用修边移出杂色→填充底色。

2.3.3　操作步骤

（1）打开 Photoshop CS5，执行"文件"→"打开"命令，打开照片 baby.jpg，如图 2-27 所示。

（2）单击套索工具 ![lasso] 选取照片的轮廓，注意头发上的选区不要太接近边缘，如图 2-29 所示。

（3）为了使图像边缘柔和，不会显得生硬，可采用"羽化"命令，右击图像弹出"羽化选区"对话框，选择"羽化"命令，羽化值设定为 5 像素，如图 2-30 所示。

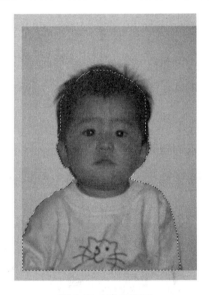

图 2-29　建立选区

图 2-30　羽化选区参数设置

（4）按 Ctrl+J 键将自动生成图层 1，将图层 1 重命名为"轮廓"，为后续操作做准备，如图 2-31 所示。

（5）单击图层"轮廓"左侧的"指示图层可见性"按钮 ![eye]，隐藏"轮廓"图层，单击"背景"图层，选中"背景"层，单击"通道"标签回到通道。选取"红"通道，背景呈现单一的灰白，将"红"通道拖到"创建新通道"图标 ![icon] 处，得到一个新的"红 副本"通道，如图 2-32 所示。

（6）按 Ctrl+I 键将"红 副本"通道反相，反相后，原来白的变黑，黑的变白了。由于原来白的部分不是纯白，反相后就不是纯黑，可通过色阶调整增强黑度，按 Ctrl+L 键弹出"色阶"控制对话框，如图 2-33 所示。

图 2-31　自动生成并重命名图层

图 2-32　新建"红 副本"通道

（7）将中间的小三角往右拖，当将数值设置为 0.44 时，红通道显得更黑了。

（8）按住 Ctrl 键的同时单击"红 副本"通道，得到如图 2-34 所示的选区。

（9）保持选区的选中状态，回到背景层，选中"背景"图层，如图 2-35 所示。按 Ctrl＋J 键将自动生成"图层 2"，将"图层 2"重命名为"边缘"，如图 2-36 所示。

（10）按住 Ctrl 键，单击"创建新图层"按钮，在"边缘"图层的下方将出现"图层 1"，将其重命名为"底色"，执行"编辑"→"填充"命令，设置颜色为粉色，设置底色为粉色，参数设置如图 2-37 所示。

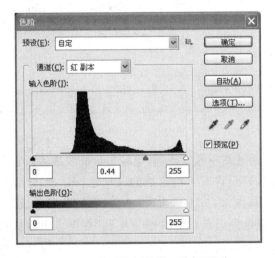

图 2-33　得到的新的"红 副本"通道

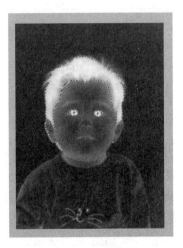

图 2-34　选区

图 2-35　选中"背景"图层

图 2-36　"边缘"图层

　　(11)可以看到头发边缘效果不好,显得有些灰白,执行"图层"菜单→"修边"→"移去白色杂边"命令,清除灰白边缘,得到如图 2-28 所示最终效果图。

　　(12)单击图层"轮廓"左侧的"指示图层可见性"按钮，显示"轮廓"图层,单击"背景"图层左侧"指示图层可见性"按钮，隐藏"背景"图层,如图 2-38 所示,得到最终效果。

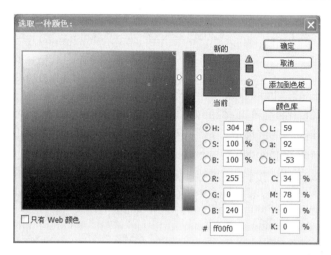

图 2-37　底色参数设置

图 2-38　隐藏"背景"图层

2.3.4　课堂讲解

1. 蒙板

　　使用蒙板可以建立选区,蒙板允许用户通过使用橡皮擦、画笔等工具修改选区。它跟常规的选区不同,蒙板对所选区域进行保护,只允许对未被遮挡的区域进行修改,让其免于操作,而对非掩盖的地方应用操作。建立如图 2-39 所示选区,单击"添加图层蒙板"按钮，得到如图 2-40 所示效果。设置前景色为黑色,选择"画笔工具"在图像上涂抹可以删除图像,如图 2-41 所示。若设置前景色为白色,选择"画笔工具"在图像上涂抹则可以复原图像。执行"图层"→"图层蒙板"→"停用"命令,图像恢复原图(见图 2-39)显示,图层蒙板可以做到不破坏原图而只显示图像的部分区域,如图 2-41 所示。

图 2-39　建立选区

图 2-40　添加图层蒙板

图 2-41　图像恢复原图

　　注:由于背景图层不能建立图层蒙板,因此应先将背景图层转化为一般图层。

2. 快速蒙板

快速蒙板可以在不使用通道的情况下快速地将一个选取范围变为一个蒙板,并对这个快速蒙板进行修改或编辑。单击工具箱中的"以快速蒙板模式编辑"按钮 ⊙ ,"以快速蒙板模式编辑"按钮将自动转换成"以标准模式编辑"按钮 ◙ ,对蒙板进行编辑后再切换回标准模式,则蒙板自动转换为选区。

在默认情况下,使用黑色绘画可增大蒙板,即缩小选区;用白色绘画可以减小蒙板,即扩展选区;使用灰色或其他颜色绘画可创建半透明区域。

使用选取工具选取一个范围,如图 2-42 所示。单击工具箱中的"以快速蒙板模式编辑"按钮 ⊙ ,如图 2-43 所示。设置前景色为黑色,单击工具箱中的画笔工具 ✐ ,在图像的背景处涂抹。调整画笔工具的大小,最终效果如图 2-44 所示。单击工具箱中的"以标准模式编辑"按钮 ◙ ,得到如图 2-45 所示选区。

图 2-42　选取范围

图 2-43　以快速蒙板模式编辑蒙板

图 2-44　使用"画笔"工具编辑蒙板

图 2-45　以标准模式编辑蒙板

任务 2.4　去除照片中多余的人物

本节知识要点:
(1)魔棒工具的使用。
(2)设置前景色。

2.4.1　案例简介

本例使用 Photoshop CS5 去除图片的背景。去除背景前后的对比效果图如图 2-46 和图 2-47 所示。使用本例中的方法可以去除照片中多余的背景和人物。

图 2-46　去除背景前的效果图　　　　　　　图 2-47　去除背景后的效果图

2.4.2　制作流程

打开图片→选择仿制图章工具→清除部分区域→建立选区→使用渐变填充→使用修补工具修补图片→使用修复画笔工具修改局部区域。

2.4.3　操作步骤

(1) 打开 Photoshop CS5,执行"新建"→"打开"命令,打开图片 girl2.jpg,如图 2-46 所示。

(2) 单击工具箱中的缩放工具 🔍 ,单击 🔍 按钮,在图片上单击将图片放大。

(3) 单击工具箱中的仿制图章工具按钮 🖈 ,按住 Alt 键的同时单击如图 2-48 所示的位置,在手肘部位涂抹,如图 2-49 所示。此时,还有部分背景未选上。将手肘部位去除,得到如图 2-50 所示的效果图。

图 2-48　仿制图章工具　　　　　　　　　图 2-49　在手肘部位涂抹

（4）单击矩形选框工具 ，选取如图 2-51 所示的选区，按 Ctrl＋C 键复制，按 Ctrl＋V 键粘贴，单击移动工具 ，将其拖动到左边，得到如图 2-52 所示效果，重复以上操作，得到如图 2-53 所示效果。

图 2-50　清除手肘后的效果图

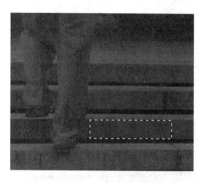

图 2-51　矩形选区

图 2-52　使用移动工具清除腿部

图 2-53　清除腿部后的效果图

（5）清除腿部后的效果图会出现一些接缝，可以单击工具箱中的修复画笔工具 ，按住 Alt 键的同时单击图 2-52 中方框所示选区，在图 2-52 中圆圈位置涂抹，使用同样方法，修复图 2-52 中其余部位。

（6）单击工具箱中的缩放工具 将图片缩小。单击工具箱中的钢笔工具 ，建立如图 2-54 所示的路径，右击路径，在弹出的快捷菜单中选择"建立选区"命令，设置羽化半径为 3，然后按 Shift＋Ctrl＋I 键反选。

（7）单击工具箱中的渐变工具 ，设置渐变编辑器参数如图 2-55 所示，左边色标值设为 RGB(22,24,23)，右边色标值设为 RGB(10,10,12)，单击"确定"按钮。在选区内按住 Shift 键的同时从上到下拉动鼠标填充渐变，得到如图 2-56 所示效果。

（8）单击魔棒工具 ，设置容差为 30，选取盆景，如图 2-57 所示。再单击矩形选款工具 ，单击"添加到选区"按钮 ，将绿树尽量选取出来。执行"图层"→"新建"→"通过拷贝的图层"命令，再执行"编辑"→"变换"→"水平翻转"命令，按 Ctrl＋T 键将图片旋转,如图 2-58 所示,双击确定应用,右击图层面板上的任意图层,在弹出的快捷菜单中选择"合并可见图层"命令,将所有图层合并。

图 2-54　建立路径

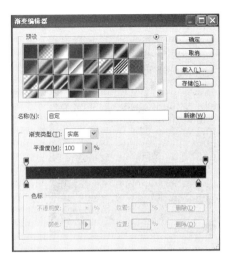

图 2-55　"渐变编辑器"参数设置

图 2-56　清除左边人物的效果图

图 2-57　选取盆景

图 2-58　旋转盆景

（9）单击魔棒工具 ✎，设置容差为 40，选取盆景和花盆，执行"图层"→"新建"→"通过拷贝的图层"命令两次，将盆景移动到相应的位置，得到如图 2-59 所示的效果。

图 2-59　复制盆景

（10）单击修补工具 ✎，选择"源"命令，建立如图 2-60 所示区域，拖动鼠标到左边区域，注意对齐地砖，如图 2-61 所示。

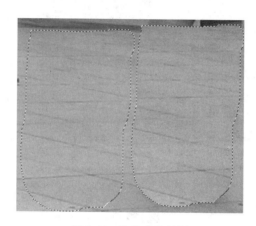

图 2-60　创建修补源　　　　　　　　图 2-61　修补后的效果

（11）使用以上方法清除其余部位，局部图像可使用仿制图章工具和修复画笔工具进行修饰，最终效果图如图 2-47 所示。

2.4.4　课堂讲解

魔棒工具

魔棒工具 ✎ 的主要功能是对物体进行选取，它可以选取图像中相近的像素建立选区。

单击工具箱中的魔棒工具 ✎，对物体进行选取，魔棒工具属性栏如图 2-62 所示。

图 2-62　魔棒工具属性栏

（1）容差：用于设置选取的容差范围，容差值越小，选取的颜色就越接近，选区的区域就越少；反之，输入的数值越大，则选取的颜色范围越大。容差范围为 0～255，默认值为 32。

（2）消除锯齿：设置所选区域在选取过程中是否将锯齿去掉。

（3）连续：当选择位置相邻且颜色相近的区域时，若勾选此项，则选取图像范围内所有颜色相接近的区域。

（4）对所有图层取样：勾选此项，则作用于所有图层，不选该项，则只作用于当前图层。

魔棒工具的使用：单击工具箱中的魔棒工具 ，设置工具栏选项为"添加到选区"，设置容差为 25，多次选取得到如图 2-63 所示选区，执行"选择"→"反向"命令，得到如图 2-64 所示的选区。

图 2-63　建立选区

图 2-64　反向选择

任务 2.5　合成图像

本节知识要点：

（1）移动工具的使用。

（2）自由变换命令。

（3）存储/载入选区。

2.5.1　案例简介

本例采用了魔棒工具、自由变换等功能将 3 张图像合成为一张图像，素材如图 2-65、图 2-66、图 2-67 所示，合成后的效果如图 2-68 所示。借鉴该方法可以将单人照片制作成合影。

图 2-65　素材 back.jpg

图 2-66　素材 cat.jpg

图 2-67　素材 dog.jpg

图 2-68　合成后的效果图

2.5.2　制作流程

准备素材→打开图片→自由变换素材→复制图像→合成图像。

2.5.3　操作步骤

（1）打开 Photoshop CS5,执行"新建"→"打开"命令,按住 Ctrl 键,单击 cat.jpg、dog.jpg、back.jpg,如图 2-69 所示,同时打开 3 张照片。

（2）单击 back.jpg,使其为选中状态,执行"图层"→"新建"→"背景图层"命令,弹出"新建图层"对话框。单击"确定"按钮,将背景图层转化为"图层 0"。

（3）单击工具箱中的魔棒工具 ,单击魔棒工具属性栏中的"添加到选区"按钮 ,然后单击"图层 0"中心白色区域,选择如图 2-70 所示区域。按 Delete 键删除选区内容,效果图如图 2-71 所示。

（4）执行"图层"→"新建"→"图层"命令,新建一个图层,在图层窗口将"图层 1"拖动到图层 0 下面,并调整图层位置。

图 2-69　同时打开 3 张照片

图 2-70　建立选区

图 2-71　删除选区内容后的效果图

（5）单击工具箱中的"魔棒工具"按钮，单击魔棒工具属性栏中的"添加到选区"按钮，然后单击"图层 0"右边心形区域，选择如图 2-72 所示区域。

（6）单击"矩形选框工具"按钮，将该选区直接拖动到 cat.jpg 图片中，如图 2-73 所示。

图 2-72　右边心形区域

图 2-73　拖动选区到 cat.jpg 图片中

　　(7) 执行"选择"→"存储选区"命令,在"名称"中输入"1"。

　　(8) 按 Ctrl+A 键选择全部,执行"编辑"→"自由变换"命令,出现如图 2-74 所示的 8 个控点。拖动右上角的控点将图片缩小为原来的 1/4 左右。

　　(9) 执行"选择"→"载入选区"命令,选择"通道"为"1",载入刚才存储的选区。单击矩形选框工具 [□],将选区移动到猫头处。

　　(10) 单击移动工具 ▶⊕,将选区的内容拖动到 back.jgp 图片中,调整其位置,效果图如图 2-75 所示。

图 2-74　执行"自由变换"命令时,出现 8 个控点

图 2-75　拖动猫头到 back.jpg

　　(11) 在 back.jgp 图片中单击"图层 0",单击魔棒工具 [✐],建立如图 2-76 所示的左边心形区域。

　　(12) 单击矩形选框工具 [□],将该选区拖动到 dog.jpg 图片中,如图 2-77 所示。

　　(13) 执行"选择"→"存储选区"命令,在"名称"中输入"2",存储选区。

　　(14) 按 Ctrl+A 键选择全部,执行"编辑"→"自由变换"命令,出现 8 个控点。拖动右上角的控点将图片放大为原来的 1.5 倍左右。

　　(15) 执行"选择"→"载入选区"命令,选择"通道"为"2",载入刚才存储的选区。单击矩形选框工具 [□],将选区移动到头部位置,如图 2-78 所示。

图 2-76　左边心形区域

图 2-77　拖动选区到 dog.jpg

（16）单击移动工具 ，将选区的内容拖动到 back.jgp 图片中,调整其位置,最终效果图如图 2-68 所示。

图 2-78　将选区移动到头部位置

2.5.4　课堂讲解

1. 移动工具

移动工具可以移动选定的对象。

单击工具箱中的移动工具 ,移动物体。移动工具属性栏如图 2-79 所示。

图 2-79　移动工具属性栏

勾选移动工具属性栏中的"自动选择"选项,在下拉列表框中选择图层,移动工具就具有自动选择图层的功能,这时只要单击某个图层上的对象,那么 Photoshop CS5 就会自动地切换到那个对象所在的图层;若在下拉列表框中选择组,则移动工具就会自动将在同一组的所有图层选中;若不勾选"自动选择"选项,则选取当前选定图层的内容。

勾选"显示变换控件"选项,则选取的内容出现 8 个控点,移动工具将切换为自由变换命令,如图 2-80 所示。鼠标拖动控点可以自由变换图形,如图 2-81 所示。

图 2-80　勾选"显示变换控件"选项后

图 2-81　使用"显示变换控件"后的效果图

"显示变换控件"复选框后面为排列对齐工具,当选择多个对象时,可以对所选对象进行对齐。

2. 自由变换

执行"编辑"→"自由变换"命令,图像周围会出现 8 个控点,通过对这 8 个控点的拖放达到对图像进行缩放、旋转、倾斜、透视等效果。

执行"编辑"→"自由变换"命令,对所选对象进行自由变换,自由变换属性栏如图 2-82 所示。

图 2-82　自由变换属性栏

(1)　▦ ：参考点位置,执行"编辑"→"自由变换"命令,图形中心将出现一个参考点,如图 2-83 所示,参考点后的 x、y 值分别为参考点的水平位置和垂直位置。

图 2-83　执行"自由变换"时,图形中心将出现一个参考点

(2)　W: ：设置水平缩放。

(3)　⑧ ：保持长宽比。

(4)　H: ：设置垂直缩放。

(5)　△ ：设置旋转角度。

(6)　H: ：设置水平斜切。

(7)　V: ：设置垂直斜切。

(8)　⊘ ：取消变换。

(9)　✔ ：应用变换。

项目实训

实训 1　脸部增白

实训要求：本例通过使用 Photoshop CS5 对照片进行增白处理，使脸部增白。
制作步骤如下。

（1）打开 Photoshop CS5，打开照片 girl.jpg，如图 2-84 所示。

（2）单击图层面板中的"创建新图层"按钮，创建一个新的图层。

（3）单击通道，按住 Ctrl 键，单击 RGB 通道，出现高光选区，如图 2-85 所示。

图 2-84　增白处理前的效果图　　　　　　　　　图 2-85　建立高光选区

（4）单击图层，回到图层状态，当前"图层 1"为选中状态，执行"编辑"→"填充"命令，选择白色进行填充。此时，整张图片都增白了，效果图如图 2-86 所示。

（5）如果要将不需要增白部位的增白效果去除，可以执行"选择"→"取消选择"命令，取消选区，单击"图层"面板中的"添加图层蒙板"按钮，添加图层蒙板。

（6）单击"设置前景色"按钮，设置前景色为黑色，单击工具箱中的画笔工具，调整画笔主直径为 60 像素，使用画笔工具涂抹不需要增白的区域，去除不需要增白区域的增白效果，最终效果图如图 2-87 所示。

图 2-86　整张增白后的效果图　　　　　　　　　图 2-87　实训 1 最终效果图

实训 2 修复老照片

实训要求:把素材中提供的旧照片进行修复处理,让它像新照片一样清晰。

制作步骤如下。

(1) 打开 Photoshop CS5,执行"新建"→"打开"命令,打开 old.jpg。

(2) 右击工具箱中的污点修复画笔工具 🖊,单击修复画笔工具 🖊,设置画笔大小为 15,按住 Alt 键的同时鼠标在没有白色斑点处单击取样,如图 2-88 所示。

(3) 使用画笔工具在有白色斑点处涂抹。重复使用画笔工具,得到如图 2-89 所示的最终效果图。

图 2-88 取样

图 2-89 实训 2 最终效果图

注意:修复画笔工具的使用技巧。

实训 3 调整照片的曝光度

实训要求:把曝光度不正常的照片利用 Photoshop CS5 处理后变成正常。

制作步骤如下。

(1) 打开 Photoshop CS5,执行"新建"→"打开"命令,打开 dog.jpg。

(2) 执行"图像"→"调整"→"曝光度"命令,弹出"曝光度"对话框,如图 2-90 所示。如果感觉照片曝光度不足,可以将曝光度设置为正值;反之,可以将曝光度设置为负值。

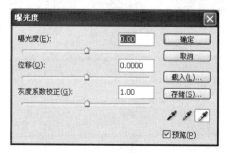
图 2-90 "曝光度"对话框

(3) 如果要调整阴影处的亮度,可以执行"图像"→"调整"→"阴影/高光"命令,设置数量为50%,如图2-91所示,最终得到如图2-92所示效果图。

图2-91 "阴影/高光"对话框

图2-92 调整阴影/高光后的效果图

实训4 调整图像色调

实训要求:把素材中提供的颜色偏色的照片调整成正常。

制作步骤如下。

(1) 打开Photoshop CS5,执行"新建"→"打开"命令,打开zoo3.jpg。

(2) 执行"图像"→"调整"→"照片滤镜"命令,弹出"照片滤镜"对话框。单击"颜色"后面的颜色块,设置颜色值RGB分别为137,33,60,单击"确定"按钮。设置颜色,单击"确定"按钮,得到最终效果图如图2-93所示。

图2-93 实训4最终效果图

实训5 为照片添加彩虹

制作步骤如下。

(1) 打开Photoshop CS5,执行"新建"→"打开"命令,打开fj.jpg。

（2）单击工具箱中魔棒工具 ✎，单击魔棒工具属性栏中的"添加到选区"按钮 ◨，设置容差为 100，单击图中的大树，得到如图 2-94 所示的选区。

图 2-94　大树的选区

（3）执行"图层"→"新建"→"通过拷贝的图层"命令，为大树单独建一个图层。

（4）单击"背景"图层，单击"创建新的图层"按钮，在"背景"图层与"图层 1"之间创建一个新的图层"图层 2"。

（5）单击工具箱中的渐变工具 ◨，单击 ▅▅▅▅▅ ▾，弹出"渐变编辑器"对话框，设置"不透明度色标"从左到右分别为 0%，80%，100%，100%，80%，0%；"色标"颜色从左到右分别为大红、黄、绿、蓝、玫红，如图 2-95 所示。单击"确定"按钮返回。

（6）将鼠标在"图层 2"上从左到右拖动，绘制出如图 2-96 所示的渐变效果图。

图 2-95　"渐变编辑器"参数设置

图 2-96　渐变效果图

（7）执行"滤镜"→"扭曲"→"切变"命令，切变曲线设置如图 2-97 所示。

（8）按 Ctrl＋T 键，调整渐变的位置，并设置"不透明度"为 16%，最终效果图如图 2-98 所示。

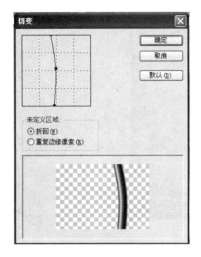

图 2-97　切变曲线设置　　　　　　　　　　　图 2-98　最终效果图

思考与练习

一、填空题

1. 在 Photoshop CS5 中执行"编辑"→"填充"命令后,可对当前选择区或图像画布进行前景色、_____、自定义颜色、_____等内容的填充。

2. Photoshop CS5 内定的历史记录是_____步。

3. 在 Photoshop CS5 中,当设计师需要将当前图像文件的画布旋转 12°时,可执行"图像"→"旋转画布"_____命令。

4. 在 Photoshop CS5 中,如果想使用"矩形选择工具"或"椭圆选择工具"画出一个正方形或正圆,那么需要按住_____键。

5. 在 Photoshop CS5 的图像色彩处理领域中,图像的亮度是指_____,亮度的调整实质是指_____。

6. 在 Photoshop CS5 中,合拼图层的命令主要有_____、_____、拼合图层 3 个命令。

二、单项选择题

1. 关于参考线的使用,以下说法正确的是(　　　)。

A. 将鼠标放在标尺的位置向图形中拖,就会拉出参考线

B. 要恢复标尺原点的位置,双击左上角的横纵坐标相交处即可

C. 将一条参考线拖动到标尺上,参考线就会被删除掉

D. 需要用路径选择工具来移动参考线

2. Photoshop CS5 中,关于"图像"→"调整"→"去色"命令的使用,下列描述中正确的是(　　　)。

A. 使用此命令可以在不转换色彩模式的前提下,将彩色图像变成灰阶图像,并保

留原来像素的亮度不变

  B. 如果当前图像是一个多图层的图像,此命令只对当前选中的图层有效

  C. 如果当前图像是一个多图层的图像,此命令会对所有的图层有效

  D. 此命令只对像素图层有效,对文字图层无效,对使用图层样式产生的颜色也
   无效

3. 通过(　　)方式可以恢复照片色彩。

  A. 色阶   B. 色相/饱和度 C. 高度/对比度 D. 替换颜色

4. 如何将背景转变为一个图层(　　)。

  A. 执行"图层"→"新建图层"命令

  B. 执行"图层"→"变换"命令

  C. Alt(Win)/Option(Mac)+单击"图层"面板中的预视图

  D. 双击"图层"面板中的背景层

5. (　　)的选项面板中有"容差"的设定。

  A. 画笔工具 B. 橡皮工具   C. 橡皮图章工具 D. 油漆桶工具

6. (　　)是 Photoshop CS5 图像最基本的组成单元。

  A. 矢量   B. 色彩空间   C. 像素   D. 路径

7. 一个 8 位图像支持(　　)种颜色。

  A. 8   B. 16   C. 256   D. 65 000

8. 度量工具的功能是(　　)。

  A. 在裁切发生之前测量裁切的大小

  B. 测量两个点之间的距离

  C. 测量图像中的像素点的数量

  D. 在"变换"发生之前衡量一个变换命令

9. 在设计中,经常用来加强主题效果的一种方法是把背景变成灰色,图 2-99(a)为原图,采用(　　)方法可以得到图 2-99(b)的结果。

 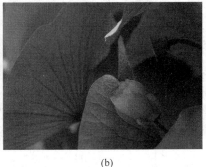

(a)   (b)

图 2-99　单选题 9 图

  A. 将背景做成选区后,执行"图像"→"调整"→"色相/饱和度"命令

  B. 将背景做成选区后,执行"图像"→"调整"→"替换颜色"命令

    C. 将背景做成选区后,执行"图像"→"模式"→"双色调"命令

    D. 将背景做成选区后,执行"图像"→"调整"→"渐变映射"命令

10. 下列关于背景层的描述中( )是正确的。

    A. 在"图层"面板上背景层是不能上下移动的,只能是最下面一层

    B. 背景层可以设置图层蒙板

    C. 背景层不能转换为其他类型的图层

    D. 背景层不可以执行滤镜效果

三、操作题

1. 为黑白照片上色。

实训要求:将如图 2-100 所示的黑白照片转换为彩色照片,最终效果如图 2-101 所示。

图 2-100　feng.jpg　　　　　　　图 2-101　操作题 1 最终效果图

2. 去除背景。

实训要求:将图 2-102 的背景去除,得到如图 2-103 所示的效果。

图 2-102　hd.jpg　　　　　　　图 2-103　操作题 2 最终效果图

3. 合成图像。

实训要求:将图 2-104 与图 2-105 合成,最终效果图如图 2-106 所示。

图 2-104　dog.jgp

图 2-105　shu.jpg

图 2-106　操作题 3 最终效果图

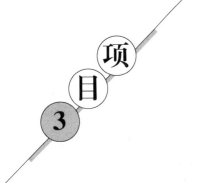

办公用品设计

项 目 3

★技能目标

能够利用 Photoshop CS5 制作简历封面、设计名片、贺卡及印章。

★知识目标

(1) 文字工具。

(2) 自动化处理。

(3) 渐变工具。

(4) 画笔工具。

信封、明信片等纸类宣传品每天都会看到,用 Photoshop CS5 制作比较简单。本项目将利用 Photoshop CS5 强大的文字工具以及绘图工具,以信封、名片等为例由浅入深介绍地如何制作简单的办公用品。

任务 3.1 封面制作

本节知识要点:

文字工具。

3.1.1 案例简介

好的封面设计应该做到在内容的安排上繁而不乱、有主有次、层次分明、简而不空,即意味着简单的图形中要有内容,并增加一些细节来丰富它。例如,在色彩上、印刷上、图形的有机装饰设计上多做些文章,使人看后有一种气氛、意境或者格调。

设计者在字体的形式、大小、疏密和编排设计等方面都比较讲究,在传播信息的同时给人一种韵律美的享受。另外,封面标题字体的设计形式必须与内容以及读者对象相统一。成功的设计应具有感情,如政治性读物设计应该是严肃的;科技性读物设计应该是严谨的;少儿性读物设计应该是活泼的等。

本例介绍简历封面的制作,最终效果如图 3-1 所示,该简历封面以文字、简单图形为主,在设计上简明扼要。

图 3-1　效果图

3.1.2　制作流程

新建文档→应用渐变→应用彩色半调滤镜→添加文字。

3.1.3　操作步骤

（1）新建文档，预设 A4 大小画布，设置前景色为黑色，背景色为白色，选择"渐变"工具 ▇，在属性栏设置渐变方式为"线性渐变"，按住 Shift 键对画布进行从左向右的渐变填充，然后执行"滤镜"→"像素化"→"彩色半调"命令，打开"彩色半调"对话框。在其中设置"最大半径"为 60 像素，通道 1、通道 2、通道 3 和通道 4 的参数为 100，因为只有参数相同将来产生的圆点才不会出现重影现象。应用滤镜后的效果图如图 3-2 所示。

（2）选择矩形选框工具 ▣，在页面左侧绘制一个竖长的矩形选区，将选区内的图像填充为黑色，然后执行"图像"→"调整"→"色相/饱和度"命令，打开"色相/饱和度"对话框，在其中勾选"着色"复选框，设置明度为 67，饱和度为 42，色相为 33，调整后图像中的黑色变成了灰色，如图 3-3 所示。

（3）最后，在图像中添加一些文字，并在文字图层面板下方单击"添加图层样式"按钮 𝑓𝑥，为图层添加"描边"图层样式，而为了使"简历"两个字更突出，需要单独为这两个字添加"投影"图层效果，完成后的效果图如图 3-1 所示。

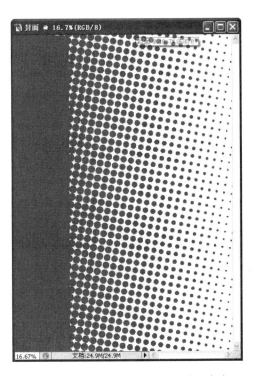

图 3-2　应用滤镜后的效果图　　　　　　　图 3-3　调整后图像中的黑色变成了灰色

3.1.4　课堂讲解

文字工具

Photoshop CS5 工具箱提供了在图像中编辑文字的工具,选取工具箱中的文字工具 ⊤,菜单栏的下方就会出现文字属性栏,如图 3-4 所示,可以在这里设定文字的字体、大小、颜色等各项属性,然后再输入文字。

图 3-4　文字属性栏

将鼠标指针移动到图像窗口中,在图像窗口中单击鼠标会出现一个文字的插入点,输入的文字会显示在图像窗口上,同时在图层面板中会自动添加一个独立的文字图层。当光标变成 ▸⊕ 时,就可以在文字编辑状态下将文字移动至合适的位置。当文字工具处于编辑模式时,无法执行其他操作。若要完成文字的编辑模式,可以单击工具选项栏中的 ✔ 按钮或在工具箱中任意选择其他工具,也可以按 Enter 键确认对文字的编辑。

在对文字属性进行设置时,除了可以在工具栏的文字属性栏中对选中的文字属性进行设置还可以通过字符面板进行设置。

执行菜单栏中的"窗口"→"字符"命令，会显示"字符"面板，如图 3-5 所示，可以利用"字符"面板的各项功能来改变输入文字的字体、字号、字距、字符样式以及进行文字基线的移动、将文字拉长或压扁等操作。

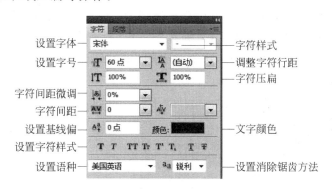

图 3-5　"字符"面板

任务 3.2　信封制作

本节知识要点：
自动化处理。

3.2.1　案例简介

本例介绍信封的制作，白色的信封放置在粉红色的背景上，对比效果比较好，如图 3-6 所示。

图 3-6　信封效果图

3.2.2　制作流程

新建文件→绘制矩形信框→制作邮政编码框→输入文字。

3.2.3 操作步骤

（1）新建一文档大小为 700×400 像素，命名为"信封"，设置前景色为♯ead2d7，按 Alt＋Delete 键填充背景图层，如图 3-7 所示。

（2）新建图层并命名为"信封"，用矩形选框工具绘制出矩形作为信封的形状，并填充为白色，如图 3-8 所示。

图 3-7　填充背景图层

图 3-8　新建信封图层

（3）设置图层样式为投影，执行"图层"→"图层样式"→"投影"命令，出现如图 3-9 所示对话框，使信封在粉色的背景上有立体的效果，投影参数设置如图 3-9 所示，得到效果如图 3-10 所示。

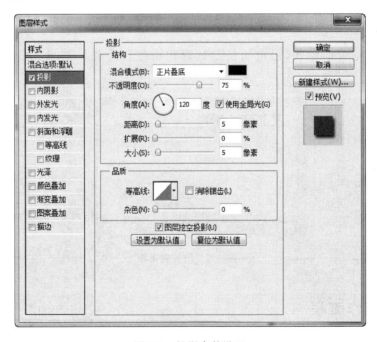

图 3-9　投影参数设置

（4）新建一个邮政编码图层，在信封左上角绘制一个 25×25 像素的正方形，执行"编

图 3-10 投影效果图

辑"→"描边"命令,设置描边宽度为 2 像素,颜色为红色,按 Ctrl+D 键,取消选区。

(5)执行"窗口"→"动作"命令,将出现"动作"面板,如图 3-11 所示。在出现的"动作"面板中,单击右上角的三角形按钮 ▼≡,出现一个弹出菜单,选择"新建动作"命令,在"新建动作"对话框中把新动作命名为"方框"。

回到图层面板,选择"邮政编码"图层为当前图层,按住 Alt 键,同时把方框往右拖动一小段距离,此时会产生一个新的图层,返回动作面板,停止动作记录,如图 3-12 所示。

图 3-11 "动作"面板

图 3-12 制作邮政编码框

(6)选定"动作"方框,单击播放按钮 4 次,将所有邮政编码的图层合并为一个图层,仍命名为邮政编码,得到效果图如图 3-13 所示。

图 3-13 完成后的邮政编码框效果图

(7) 选取文字工具 **T**,设置字体为黑体字 18 磅,在右下角输入"邮政编码",完成效果图如图 3-6 所示。

3.2.4　课堂讲解

自动化处理

用户在实际处理图像的过程中,常需要对大量的图像进行相同的操作,由于单独对每个图像依次进行处理,不仅速度慢,而且容易发生错误。所以,在 Photoshop CS5 中引入了"动作"面板。

"动作"面板具有以下主要功能。

(1) 可以将一系列命令组合为单个动作,从而使执行任务自动化。这个动作可以在以后的应用中反复使用。

(2) 可以创建一个动作,该动作应用一系列滤镜来体现用户设置的效果。动作可被编组为序列以帮助用户更好地组织动作。

(3) 可以同时处理批量的图片。可以在一个文件或一批文件上使用相同的动作。

(4) 使用"动作"面板不仅可以记录、播放、编辑和删除个别动作,还可以用来存储和载入动作文件。

"动作"面板如图 3-14 所示。

图 3-14　"动作"面板

(1) "停止播放/记录"按钮。当播放动作时,单击此按钮可停止播放;当录制动作时,单击此按钮可停止录制。事实上,如果在动作播放中选择了"加速"选项,而且动作中间没有停顿,那么动作执行的速度会很快,如果文件小,步骤也不多,那很快就执行完了,可能没有机会停止播放。

(2) "开始记录"按钮。单击此按钮,按钮显示为红色,Photoshop CS5 进入动作录制状态;单击"停止播放/记录"按钮可退出录制状态。当新建一个动作时,录制按钮自动运行并显示红色,表示自动进入录制状态。

（3）"创建新组"按钮。单击此按钮可新建一个动作序列,用户可在弹出的对话框中输入序列名称,也可忽略使用默认名称。将已有的序列选中拖放到该按钮上,将复制该序列及其所包含的动作。

（4）"创建新动作"按钮。单击此按钮将在一个序列下产生一个新的动作组,录制按钮自动进入录制状态。再单击一次,将再产生一个新的动作组,它与前一个动作组同属于一个动作序列,除非在选择了其他序列的情况下新建了动作组。

（5）"删除"按钮。将一个动作序列拖到该按钮上,将删除整个序列,将一个动作组拖到该按钮上,将删除这个动作组;将一个展开动作拖到该按钮上,将删除该动作。这与"图层"面板的操作是一致的。单击选择序列或动作,然后再单击删除按钮也可删除该序列或动作。

任务 3.3　名片

本节知识要点:
渐变工具。

3.3.1　案例简介

名片设计的表现手法虽因行业、需求角度或客户而有所不同。但不管何种名片,总会涉及标志、商品名、饰框、底纹等元素,标志可以是图案或文字造型,饰框、底纹可以美化版面、衬托主题。本案例介绍了一家体育用品公司经理名片的制作,名片最终效果图如图 3-15 所示。

图 3-15　名片最终效果图

3.3.2　制作流程

制作 Logo→安排 Logo 位置→设置文字。

3.3.3 操作步骤

(1) 进入 Photoshop CS5 后新建一个 RGB 文档,命名为"Logo"。

(2) 选择工具面板中的钢笔工具 ,完成如图 3-16 所示的路径,一个跳跃的人体已经成型,接下来按住 Shift 键,再选择工具面板中的椭圆工具 ,在窗口上方的属性栏中选择路径工具 ,在人体曲线上方画一个圆,作为头的曲线,如图 3-17 所示。

(3) 执行"窗口"→"路径"命令,在"路径"面板中,单击"将路径作为选区载入"按钮 ,将路径转化为选区。选择工具面板中的渐变填充工具 ,在窗口菜单栏下面的属性栏中单击"点按可编辑渐变"按钮 ,打开"渐变编辑器"对话框,设置渐变颜色如图 3-18 所示,在人的选区中拖动鼠标把颜色填入选区中,如图 3-19 所示。

图 3-16　Logo 人体路径

图 3-17　Logo 路径

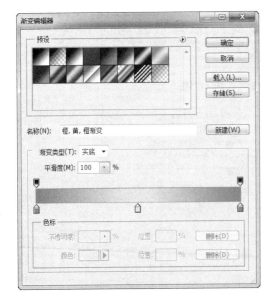

图 3-18　"渐变编辑器"对话框

图 3-19　填充渐变

（4）当 Logo 制作完后，名片中纯图像制作部分就告一段落。接下来进行文字布局排版和艺术加工。新建一大小为 500×300 像素的 RGB 空白文档，将已制好的 Logo 拖入，按 Ctrl＋T 键转到自由变换方式，调节其大小和位置，并将其安放在图像的左上方，如图 3-20 所示。

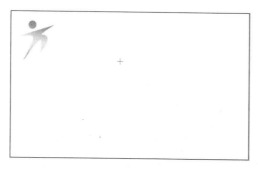

图 3-20　调整 Logo 大小与位置

（5）单击工具面板中的文字工具 **T**，在图像上输入"精锐体育用品有限公司"，设置字体为黑体，大小为 36，调整文字的位置，将其置于名片的右上方，在公司名称的下方画出一蓝色矩形，作为显示公司英文名称的地方，随后单击工具面板中的文字工具 **T**，在蓝色矩形上输入公司英文名称，设置英文字体为 Arial Black，字的大小为 24，得到效果如图 3-21 所示。

图 3-21　输入公司名称后的效果图

（6）接下来输入人物职称，人物的名字所用字号一定要大，过于随意的卡通化字体并不适用在这个场所，得到效果如图 3-22 所示。

图 3-22　输入职位姓名后的效果图

（7）当输入公司地址和联系方式时,可以将文字大小设置得小一些,字体以宋体或黑体为佳,在输入的过程中要及时根据名片效果调整,得到最终效果如图 3-15 所示。

3.3.4 课堂讲解

渐变工具

工具箱中的渐变工具 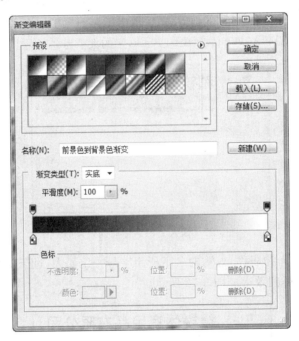 的作用是为特定的区域填充渐变颜色。选中渐变工具 ,单击属性栏中的"点按可编辑渐变"按钮 ,出现如图 3-23 所示的"渐变编辑器"对话框,在该对话框中各部分功能如下。

（1）名称与新建:可新建一个渐变样式。

（2）渐变类型:实底,编辑均匀过渡的渐变项;杂色,编辑粗糙的渐变项。

（3）平滑度:调节渐变的光滑程度。

（4）色标:可设置多种颜色色标和不透明度色标。颜色色标,单击色带增加色标,拖离色带删除色标,至少保留两个色标。不透明度色标,设置不透明度。中点标志,设置两种相邻色标分界线。

图 3-23　"渐变编辑器"对话框

任务 3.4　贺卡

本节知识要点。

画笔工具。

3.4.1　案例简介

本案例中的情人节贺卡采用柔和的色调和精美的图案,力求表达出一种温馨和浪漫的感觉,如图 3-24 所示。

图 3-24　情人节贺卡

3.4.2　制作流程

新建文件→移入素材→加载画笔→绘制花纹、星光→改变图层模式→调整色调。

3.4.3　操作步骤

(1) 新建一个大小 1920×1200 像素的 RGB 文件,设置背景色为白色。选择渐变工具 ▦,并选择渐变工具属性栏中的"对称渐变" ▭,单击渐变工具属性栏中的"点按可编辑渐变"按钮 ▦ · ▬▭▭▭,打开"渐变编辑器"对话框,单击渐变编辑器中色标,把颜色值设置成♯2f0d0d、♯681c1c,由中心往上拖动渐变,得到效果如图 3-25 所示。

图 3-25　设置背景参数后的效果图

（2）打开素材中的"丘比特. psd"、"情侣. psd"，分别把"丘比特. psd"和"情侣. psd"图片移入，调整"丘比特. psd"和"情侣. psd"图像的大小及位置，如图 3-26 所示。

图 3-26　移入素材

（3）新建图层，选择画笔工具 ，单击其属性栏中的
画笔: ● 按钮，打开画笔预设选取器，单击右上方的小三角
按钮 ，如图 3-27 所示，在弹出的菜单中选择"载入画笔"
命令，分别载入蝴蝶花纹画笔、艺术花纹画笔、花纹装饰画
笔以及艺术花朵画笔，选择所需的素材画笔，设置前景色
为白色，在新建的图层上绘制花纹图案。对花纹图案进行
压缩，把这些图像元素安排在合适的位置，如图 3-28 所示。

注意：为了便于对每个花纹图案进行移动、缩放、变
形，每个花纹图案都单独绘制在一个图层上。

（4）分别把"情侣"图层、"丘比特"图层以及各个花纹
图案图层的图层模式设置为"叠加"，设置的方法如下：单
击"图层"面板左上方 模式: 叠加 不透明度: 71% 中的

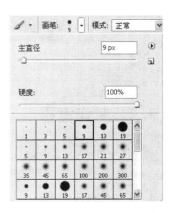

图 3-27　"画笔"面板设置

 按钮，在弹出的下拉列表中选择"叠加"。更改旁边的不透明度数值，设置图层的不透明度，将图层的不透明度进行适当调整，调整到自己感觉浪漫为止，如图 3-29 所示。

图 3-28　绘制花纹图案

图 3-29   更改图层模式及对其参数进行设置后的效果图

（5）新建图层，选择画笔工具 ✐，单击其属性栏画笔面板右上方的小三角按钮 ▶，在弹出的菜单中选择"载入画笔"命令，载入情人节创意文字画笔，选择 Valentine 文字的画笔，在图层上画出文字图案。单击"图层"面板的"添加图层样式"按钮 ƒx。图层样式的参数设置如图 3-30 所示，其中外发光颜色设置为＃ffff11，效果如图 3-31 所示。

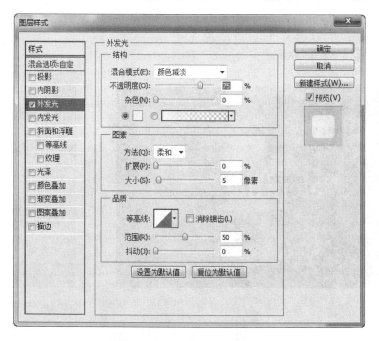

图 3-30   图层样式的参数设置

（6）新建图层，选择画笔工具 ✐，再次单击属性栏画笔面板右上方的小三角按钮 ▶，在弹出的菜单中选择"载入画笔"命令，载入星光画笔，选择画笔 ✳，打开"画笔"面板，设置散布画笔参数，如图 3-32 所示，在画布上画出星光，为了让画面更美观，可以选择不同大小的画笔,绘制出不同大小的星光,同时更改图层模式为"叠加",并更改图层不透明度,得到的效果图如图 3-33 所示。

图 3-31　添加文字图案后的效果图　　　　图 3-32　散布画笔参数设置

(7)单击"图层"面板中的"创建新的填充或调整图层"按钮 ,在弹出的菜单中选择"色彩平衡"命令,参数设置如图 3-34 所示。最终得到一张充满温馨浪漫的贺卡,效果图如图 3-24 所示。

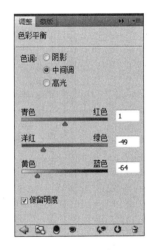

图 3-33　绘制星光后的效果图　　　　　图 3-34　色彩平衡参数设置

3.4.4　课堂讲解

画笔工具

选中工具箱中的画笔工具 ✐,单击其属性栏中的 ▣ 按钮,弹出如图 3-35 所示的"画笔预设"对话框。

1）画笔预设

可选择相应的画笔,也可通过修改直径值来调整当前画笔的大小。

（1）画笔笔尖形状

如果要对画笔进行一些修改,如调整画笔的直径、角度、圆度、硬度和间距等笔尖形状特性,应对画笔面板中的画笔笔尖形状进行设置,如图 3-36 所示。

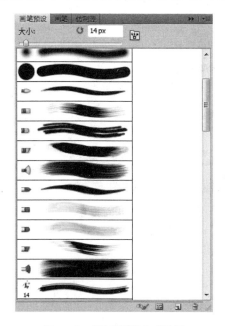

图 3-35　"画笔预设"对话框

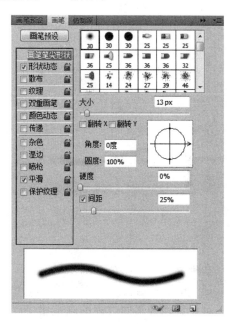

图 3-36　画笔笔尖形状设置

（2）动态形状

动态形状设置如图 3-37 所示。

① 大小抖动:可控制画笔之间的动态混合效果。

② 控制:关,画笔不产生变化;渐隐,画笔产生逐渐变小,甚至消失的变化;钢笔压力,只有在使用外接画板等设备进行输入时才有用;笔倾斜和光笔轮,决定拖曳时产生凌乱效果。

③ 最小直径:就是画笔最终缩小至原画笔的百分之几。

④ 角度抖动:可调整画笔角度和方向上的混合程度。

⑤ 其他参数:自己观察。

（3）散布

散布设置如图 3-38 所示。

① 散布:使绘制出来的线条产生散射效果,数值越大,效果越强。

② 数量:数值越大,效果扩张面积越大。

③ 数量抖动:数值越大,散射效果较密;反之,则较稀疏。

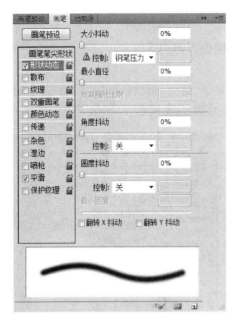

图 3-37　动态形状设置

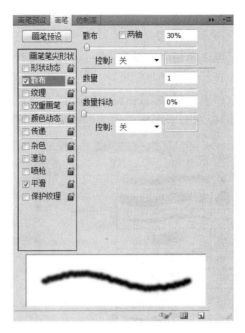

图 3-38　散布设置

（4）纹理

在画笔中产生图案纹理效果。

（5）双重画笔

可设置两种不同纹理的画笔相交产生的画笔效果。

（6）动态颜色

将两种颜色以及图案进行不同程度的混合,并可调整其混合颜色的色调、饱和度和明度等。

（7）其他动态

设置画笔绘制出颜色的不透明度和使颜色之间产生不同的流动效果。

流动抖动:使线条出现类似于液体流动的效果,且数值越大效果越明显。

2）画笔和铅笔工具

（1）画笔工具绘制的线条比较柔和。

（2）铅笔工具绘制的线条比较坚硬。

（3）参数。

画笔工具属性栏如图 3-39 所示,在此可对不透明度、流量等参数进行设置。

图 3-39　画笔工具属性栏

① 画笔:设置画笔的形状、大小。（可以载入、复位、保存、替换画笔）

② 不透明度:其值越大,越不透明。

③ 喷枪：效果比较扩散，喷绘颜色停留的时间越长，边缘模糊的程度越厉害。

④ 流量：设置颜色随工具移动应用的速度，也就是设置所绘制线条颜色的流畅程度，它也可以产生一定的透明效果。其值越大，颜色越浓。

⑤ 按钮：画笔面板。

⑥ 自动擦除：实现擦除功能。

⑦ 按住 Shift 键不放，可绘制出水平或垂直方向的直线。

3）定义画笔和定义图案

执行"编辑"→"定义图案"或"定义画笔"命令，可以自定义画笔或自定义图案。

说明：在使用画笔工具时，按"["键可以减小画笔直径，按"]"键可以增加画笔直径。

任务 3.5　印章

本节知识要点：

素描滤镜。

3.5.1　案例简介

印章最早可上溯到 3000 多年前的商代，是古人作为一种信物和人格风采的标志，后来通过文人的介入成了一种艺术形式，元代是文人画形成的时代，文人画追求诗、书、画、印结合，流行在绘画作品上加诗文题跋及钤盖作者姓名、字号、别号及诗词格言印章。本例介绍如何制作仿古印章，如图 3-40 所示。

图 3-40　仿古印章效果图

3.5.2　制作流程

新建文件→绘制印章→书写篆文→残边处理。

3.5.3　操作步骤

（1）新建像素为 400×400 像素的文档，且设置颜色为白色，在"图层"面板双击解锁变成图层 0，设前景色为 RGB(230,30,30)。这是模仿印泥的颜色。

（2）选择圆角矩形工具，选项栏选择"路径"，设置半径为 30px，如图 3-41 所示。按住 Shift 键，同时在画布上拉出圆角正方形，参数设置如图 3-41 所示。

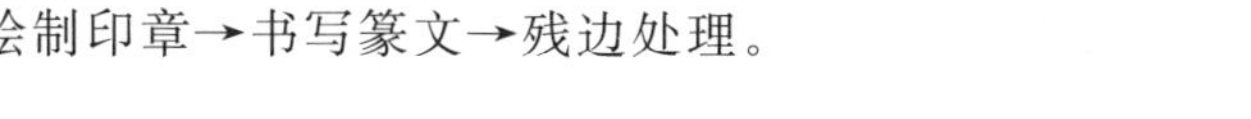

半径：30 px

图 3-41　圆角矩形参数设置

（3）选择画笔工具，设画笔工具直径为 10px，硬度为 100%，返回"路径"面板，单击"用画笔描边路径"按钮 ，给路径上色；在路径面板，右击工作路径，可删除路径。

（4）选择文字工具，字体选择"汉仪篆书繁"，在设置字体大小文本框里输入 160，输入法"选繁"，因为字库是繁体的。采用每个字单独输入，以便于逐个调整大小和移动位置。每输入一个字要单击一下移动工具，然后再输下一个字，这样每个字都是一层，如图 3-42 所示。

（5）把文字层栅格化成普通图层，既可以执行"图层"→"栅格化"→"所有图层"命令，也可以在文字图层上右击分别栅格化图层。然后合并可见图层。

图 3-42　文字设置

（6）用白色画笔，选择画笔 ，在红色边框上画，制作残边效果，执行"滤镜"→"素描"→"撕边"命令，设置图像平衡为 42，平滑度为 12，对比度为 18，数值自己测试，达到图 3-43 所示的毛毛的效果就可以了。

（7）执行"滤镜"→"素描"→"图章"命令，设置参数明/暗平衡为 19，平滑度为 6，效果图如图 3-44 所示。

（8）选择魔棒工具，设置选项栏容差为 100，不要勾选连续，用魔棒在图片白色处单击形成选区，按 Delete 键删除，按 Ctrl＋D 键取消选区，得到最终效果图如图 3-40 所示。

图 3-43　残边处理

图 3-44　设置图章参数后的效果图

3.5.4　课堂讲解

素描滤镜

（1）图章：简化图像，使之看起来像是用橡皮或木制图章创建的一样。用于黑白图时效果更佳。

（2）撕边：重建图像，使之由粗糙、撕块的纸片状组成。用于文本或高对比度的图像效果更佳。

项目实训

实训 1　邮票设计

实训要求：利用一张植物图片设计成邮票，既有趣又有意义，邮票效果图如图 3-45 所示。制作步骤如下。

（1）打开"植物.jpg"，双击背景图层将其转化为普通图层。选择背景橡皮擦工具，在橡皮擦工具属性栏中选择"画笔模式"，单击向下小三角，对笔尖形状进行设置，选择直径为 15px，硬度为 100%，间距为 150%，角度为 0，圆度为 100%。

（2）在图右上角开始按住 Shift 键沿四周画过去，注意转弯处要尽量重合圆点，如图 3-46 所示。

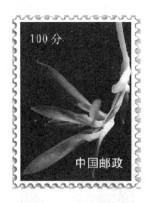

图 3-45　邮票效果图　　　　　　　图 3-46　擦出圆点

（3）用矩形选框工具创建一个选框，如图 3-47 所示。

（4）右击，在弹出的快捷菜单中选择"反向"命令，如图 3-48 所示。执行"编辑"→"填充"命令填充白色，勾选"保留透明区域"复选框，填充参数设置如图 3-49 所示，得到填充效果图如图 3-50 所示。

图 3-47　矩形选框　　　　　　　　图 3-48　反选

图 3-49　填充参数设置　　　　　　　　图 3-50　填充效果图

(5) 单击"图层"面板中的"添加图层样式"按钮 *fx*,设置并调整投影参数,直到能看出邮票边框效果,得到效果图如图 3-51 所示。

(6) 用矩形选框工具 选择齿边,如图 3-52 所示。

图 3-51　设置投影后的效果图　　　　　图 3-52　选择齿边

(7) 选择"反向删除"命令,对图层增加外发光,设置图层样式外发光颜色为黑色,扩展为 5%,像素为 13,得到效果图如图 3-53 所示。

(8) 增加文字中国邮政以及邮票价格,得到效果如图 3-45 所示。

实训 2　画册

实训要求:选用美丽的图片制作精美的画册,效果图如图 3-54 所示。

制作步骤如下。

(1) 新建一个 600×800 像素的透明文件。

(2) 画一个矩形选框,并添加一种颜色。

(3) 画笔工具:设置适当的间距、大小,按 Shift 键画一条垂直直线。

图 3-53 设置外发光效果图

图 3-54 画册效果图

（4）魔棒工具：选择画笔的颜色，并删除。可用于选择相似颜色，并描边。

（5）复制图层并调整其位置，略向下向右移动。

（6）重复再复制 3 个图层，并调整其位置。

（7）画一个椭圆选区，并描边。删除掉不要的部分。

（8）按 Alt 键，复制多个并调整其位置。

（9）选一个图片，移到合适位置。

思考与练习

一、单项选择题

1. "历史画笔"工具的主要作用是（   ）。

     A. 恢复图像   B. 复制图像   C. 修复图像   D. 编辑图像

2. 对当前图层进行自由变换的快捷键是（   ）。

     A. Ctrl＋T   B. Ctrl＋Alt＋T   C. Ctrl＋K   D. Ctrl＋Shift＋K

二、操作题

1. 制作如图 3-55 所示图形。

2. 利用素材，绘制如图 3-56 所示图形。

图 3-55 操作题 1 图

图 3-56 动物邮票

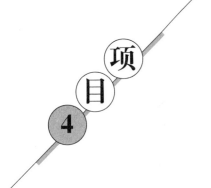

Logo 设计

★技能目标

能熟练利用 Photoshop 设计和制作各式各样的 Logo，掌握 Logo 设计与制作的技巧。

★知识目标

(1) 掌握蒙板的使用方法。

(2) 掌握路径工具的使用方法。

(3) 掌握形状工具的使用方法。

任务 4.1　奥运五环设计

本节知识要点：

(1) 图层蒙板的使用。

(2) 路径工具的使用。

(3) 形状工具的使用。

4.1.1　案例简介

本例利用形状工具、蒙板工具制作奥运五环标志，最终效果图如图 4-1 所示。本例中用到的主要知识点有椭圆工具、图层蒙板、形状工具。

图 4-1　奥运五环标志最终效果图

4.1.2　制作流程

设定标尺、参考线→绘制一个圆环→设置颜色→复制 4 个环→使用蒙板绘制套圈效果。

4.1.3   操作步骤

（1）打开 Photoshop CS5，执行"文件"→"新建"命令，在名称栏中输入"五环"，设置宽度为 800 像素，高度为 600 像素，单击"确定"按钮。

（2）执行"视图"→"标尺"命令，单击工具箱中的移动工具 ，将光标放置在水平标尺上，当鼠标指针变成空心箭头时，拖动一条参考线到画布中心，用同样方法，在 8cm 处拖动一条垂直参考线。

（3）单击"图层"面板中的"创建新图层"按钮 ，创建一个新的图层。选择工具箱中的椭圆工具 ，将光标放置于两条参考线的交点处，在拖动鼠标的同时按住 Shift＋Alt 键绘制一个圆形。双击"图层"面板中形状 1 图层的"图层缩览图"区域，在弹出的"拾取实色"对话框中将颜色设置为 RGB(0,0,255)（蓝色）。

（4）在选项栏中选择从选区减去，将光标放置于两条参考线的交点处，在拖动鼠标的同时按住 Shift＋Alt 键绘制一个比刚才的图形略小的圆形，得到一个蓝色圆环，如图 4-2 所示。

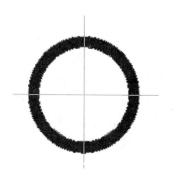

图 4-2   蓝色的环

（5）双击"图层"面板中的形状 1，将其更名为"蓝色"。右击"蓝色"图层的空白区域，在弹出的菜单中选择"复制图层"命令。在弹出的"复制图层"对话框中输入新图层名为"黄色"，单击"确定"按钮。用同样方法，复制"黑色"、"绿色"、"红色"图层，并分别将图层的颜色设置为黄色、黑色、绿色、红色，如图 4-3 所示。并调整五环的位置，如图 4-4 所示。

图 4-3   复制图层

图 4-4   调整后的五环

（6）按住 Ctrl 键的同时单击蓝色图层的矢量蒙板缩览图区域，选中"蓝色"图层，按住 Ctrl＋Shift＋I 键进行反选（或单击"选择"→"反向"命令），单击"黄色"图层，单击"图层"面板下面的"图层蒙板"按钮，选择白色画笔。绘制蓝色形状与黄色形状下面的相交区域。

如图 4-5 所示箭头。

图 4-5　蓝色形状与黄色形状的相交区域

（7）用同样方法，按住 Ctrl 键的同时单击"黄色"图层，按住 Ctrl＋Shift＋I 键进行反选，单击"黑色"图层，单击"图层"面板下面的"图层蒙板"按钮，选择白色画笔，绘制黄色形状与黑色形状下面的相交区域。按住 Ctrl 键的同时单击"黑色"图层，按住 Ctrl＋Shift＋I 键进行反选，单击"绿色"图层，单击"图层"面板下面的"图层蒙板"按钮，选择白色画笔，绘制黑色形状与绿色形状下面的相交区域。同理，绘制绿色形状与红色形状下面的相交区域。最终，得到一个环环相扣的奥运五环，效果图如图 4-1 所示。

技巧：

（1）参考线：参考线结合 Alt 键和 Shift 键创建同心圆。

（2）参考线在调整五环位置时起到自动对齐的作用，使环在同一水平线上。

（3）图层蒙板：图层蒙板结合画笔工具达到环环相扣的效果，使五环的效果更逼真。

4.1.4　课堂讲解

1. 路径工具

路径工具是编辑矢量图形的工具，对矢量图形进行放大和缩小，不会产生失真现象。路径工具可以绘制复杂的路径，可以对路径进行描边或填充，也可以将路径转换选区保存在通道中，路径工具包括钢笔工具、自由钢笔工具、添加锚点工具、删除锚点工具、转换点工具。如图 4-6 所示。

（1）路径：由一个或多个直线或曲线的线段构成，如图 4-7 所示。

图 4-6　路径工具

图 4-7　路径

（2）锚点：构成路径的直线或曲线的端点，如图 4-7 所示。锚点被选中时为实心方块，未选中时为空心。锚点分为平滑点和角点，当调整平滑点的一条方向线时，该点两侧的曲线段会同时调整。而当调整角点的一条方向线时，则只调整与该方向线同一侧的曲线，其方法是先按住 Alt 键，再调整平滑点一侧的方向线。

（3）方向线：在一条曲线段的每个被选取的锚点上会有一条或两条方向线。使用直接选区工具拖动方向点可以改变方向线的长度和方向，方向线的改变决定曲线段的方向和弧度。

（4）方向点：每条方向线的两端各有一个方向点。方向点的位置决定了曲线的大小和形状。

2. 钢笔工具

钢笔工具用来绘制直线或曲线路径，是最常用的路径工具。钢笔工具属于矢量绘图工具，其优点是可以勾画平滑的曲线，在缩放或者变形之后仍能保持平滑效果。钢笔工具画出来的矢量图形称为路径，路径是矢量的路径允许是不封闭的开放状，如果把起点与终点重合绘制就可以得到封闭的路径。单击钢笔工具一次即产生一个锚点，再次单击会产生一个新的锚点，锚点和锚点之间会产生一条线段，如图 4-7 所示。

（1）绘制直线路径

选择工具箱中的钢笔工具，并保持钢笔工具的选项如图 4-8 所示（在工具栏上方）：选择第二种绘图方式（单纯路径），并取消橡皮带功能。在图像上单击，会出现一个实心的方点，这便是路径的起点。接着单击另一点，两点间会连成一条直线，当终点和起点重合便形成一条完整的路径，此时钢笔工具会出现一个小圆圈。表示终点已经连接起点，单击即可完成封闭路径的制作。

图 4-8   钢笔工具选项栏

注：按住 Shift 键可以让所绘制的点与上一个点保持 45° 整数倍夹角（例如，0°、90°），使用这种方法可以绘制水平或者是垂直的线段。

（2）绘制曲线路径

选择钢笔工具，在图像上按住左键不放并拖动可产生对称曲线锚点，该锚点两端会有意对呈 180° 的方向线，这两条方向线的长度是相同的。再次建立一个锚点，会生成一段曲线路径线段，可以看到方向线会影响曲线路径线段的形状。方向线越长，曲线线段越长，方向线角度越大，曲线线段斜率也越大。

（3）改变曲线

在绘制过程中，拖动鼠标或者直接选择工具箱中的直接选择工具来拖动方向点，可以改变方向线的长短，从而改变曲线的曲率。

完成锚点(见图4-9)的绘制后,按住 Alt 键,同时单击绘制好的锚点或者选择工具箱中的转换点工具,此时方向点会折断,该锚点两端的方向线各自独立,不受另一条方向线的影响,有利于控制曲线的方向,如图4-10所示。

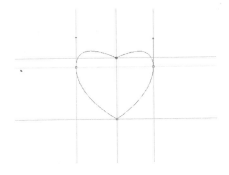

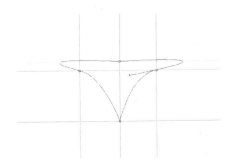

图 4-9　转换前的锚点　　　　　　　　　图 4-10　转换后的锚点

任务 4.2　宝马标志设计

本节知识要点:
(1) 删除工具的使用。
(2) 油漆桶工具的使用。
(3) 图层样式的使用。

4.2.1　实例简介

本例制作宝马标志,最终效果图如图4-11所示。本例中用到的主要知识点有椭圆选框工具、图层样式、选择菜单、填充命令。

4.2.2　制作流程

绘制内圆→选取内容、填充颜色→描边→绘制外圆→输入文字→设置图层样式。

图 4-11　最终效果图

4.2.3　操作步骤

(1) 执行"文件"→"新建"命令,在名称栏中输入"宝马 Logo",设置宽度为 800 像素,高度为 800 像素,单击"确定"按钮。

(2) 单击"图层"面板中的"创建新图层"按钮▣,创建一个新的图层,命名为"图标"。

(3) 执行"视图"→"标尺"命令,单击工具栏中的移动工具▶⊕,将光标放置在水平标尺上,当光标变成空心时,拖动一条参考线到画布中心位置上,用同样方法,拖动一条垂直参考线到画布中心位置上。

(4) 选择工具栏中的矩形选框工具 ，右击,选择椭圆选框工具 ，将光标置于两条参考线的交点位置,拖动鼠标的同时按 Alt＋Shift 键,创建一个圆形区域。执行"选择"→"存储选区"命令,在名称中输入"圆",单击"确定"按钮存储选区备用。单击工具栏中的"设置前景色"按钮 ，在弹出"拾取器(前景色)"对话框中,设置颜色为蓝色,设置 RGB 分别为 20、60、200,单击"确定"按钮。执行"编辑"→"填充"命令。

(5) 执行"选择"→"载入选区"命令,单击"确定"按钮载入第(4)步存储的选区,单击工具栏中的矩形选框工具,选择单行选框工具,选择"与选区交叉"选项 ，将光标放置在水平参考线上单击,得到单行选区。执行"选择"→"修改"→"扩展"命令,在扩展量中输入"5"。将选区扩展为 5 个像素。单击"确定"按钮。单击"前景色"按钮,将前景色设置为 RGB 分别为 239、239、13,执行"编辑"→"填充"命令。

(6) 执行"选择"→"载入选区"命令,单击"确定"按钮载入第(4)步存储的选区,单击工具栏中的矩形选框工具,选择单列选框工具按钮,选择"与选区交叉"选项,在垂直参考线上单击,得到单列选区。执行"选择"→"修改"→"扩展"命令,在扩展量中输入 5。将选区扩展为 5 像素,单击"确定"按钮。执行"编辑"→"填充"命令,填充选区,得到如图 4-12 所示效果图。

(7) 右击工具栏中的快速选择工具 ，单击魔棒工具按钮 ，选择添加到选区工具 ，单击右上角区域和左下角区域,选中如图 4-13 所示区域。执行"编辑"→"填充"命令,在"使用"菜单中选择"白色"命令,单击"确定"按钮进行填充,效果图如图 4-13 所示。

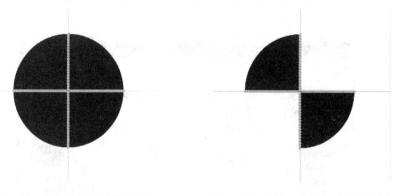

图 4-12　填充选区后的效果图　　　　图 4-13　使用白色填充后的效果图

(8) 在"图层"面板中选择"背景"图层,单击"创建新图层"按钮 ，在"背景"图层上创建一个新的图层。执行"选择"→"载入选区"命令,单击"确定"按钮载入选区。执行"选择"→"修改"→"扩展"命令,在"扩展量"中输入 15,单击"确定"按钮,执行"编辑"→"填充"命令,使用前景色填充。

(9) 单击背景图层前面的"指示图层可见性"按钮 ，将"背景"图层隐藏。执行"图层"→"合并可见图层"命令,将"图标"图层与新建的图层合并。

(10) 在"图层"面板中选择"背景"图层,单击"创建新图层"按钮 ，在"背景"图层上创建一个新的图层,选择椭圆选框工具 ⬭ ,将光标放置在两条参考线的交点,按住 Alt+Shift 键的同时拖动鼠标,建立选区。执行"编辑"→"填充"命令,使用黑色填充,效果图如图 4-14 所示。

(11) 单击"图层"面板中的"添加图层样式"按钮 *fx* ,单击"描边"按钮。弹出"图层样式"对话框。勾选"描边",在"大小"中输入 15,单击颜色后面的颜色块 ██ ,设置 RGB的值为(239,239,13),单击"确定"按钮。

(12) 选择工具栏中的钢笔工具 🖋 ,在图层上沿着内圈黄色绘制如图 4-15 所示的绘制路径。

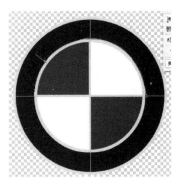

图 4-14　使用黑色填充后的效果图　　　　图 4-15　绘制路径

(13) 选择工具栏中的横排文字工具,在刚才绘制的路径上单击,输入文字"BMW"。调整位置,设置位置大小,并设置文字颜色为白色。执行"图层"→"合并可见图层"命令。

(14) 单击"图层"面板中的"添加图层样式"按钮,单击"投影"按钮,参数设置如图 4-16 所示。勾选"斜面和浮雕"复选框,参数设置如图 4-17 所示。

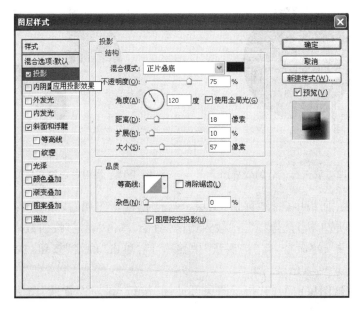

图 4-16　图层样式参数设置

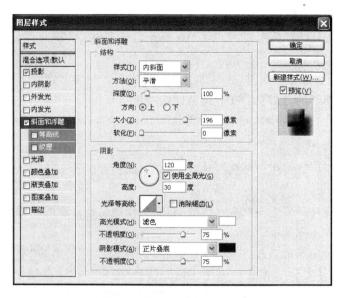

图 4-17   斜面和浮雕参数设置

（15）单击"图层"面板中"背景"图层前面的"指示图层可见性"按钮，将"背景"图层显示。执行"编辑"→"填充"命令，选择"使用"→"颜色"命令，在弹出的"选取一种颜色"对话框中选择"红色"，单击"确定"按钮，执行"滤镜"→"杂色"→"添加杂色"命令，在弹出的"添加杂色"对话框中。输入数量为 65。单击"确定"按钮，得到最后效果图如图 4-11所示。

4.2.4   课堂讲解

1. 删除工具

使用 Delete 键可对所选区域进行基本填充操作，操作步骤如下。

（1）使用选框工具选择所需填充的区域。

（2）按 Delete 键将使用背景色进行填充，按 Alt＋Delete 键则是用前景色进行填充。

2. 油漆桶工具

油漆桶工具 用于在图像或选区内填充容差范围内的色彩或图案。油漆桶工具选项栏面板如图 4-18 所示。使用油漆桶工具进行填充之前，先要设定前景色，然后在图像中单击"填充前景色"按钮，如果在填充之前选取了区域，则填充只对选定区域有效，如果使用指定图案填充，则填充的内容为图案。

图 4-18   油漆桶工具选项栏

（1）填充：在填充下拉列表框中可以设置所要填充的内容，有两个选择：一个是前景，用于填充前景色；一个是图案，用于指定图案。当选择图案时，其后的图案项被激活，打开其下拉面板,里面提供了Photoshop自带的多种图案样式,也可以自定义图案。

(2)容差:用于设置色彩的容差范围,容差范围越小,可填充的区域就越少,反之亦然。

(3)连续的:在进行填充时,选中此项表示只填充在相邻的像素上;不选此项,则整个图像即使是不相邻的像素只要在容差范围内均可填充。

(4)所有图层:选中此项,则填充时跨越所有可见层,否则只对当前层有效。

3. 填充命令

使用填充命令可以按用户所选颜色或定制图像进行填充,以制作出别具特色的图像效果。

定制图案本身在屏幕上不产生任何效果,它的作用是将定制的图案放在系统内存中,供填充操作。操作步骤如下。

选择工具栏中的矩形选框工具|[|],并确认工具选项面板中的"羽化"设置为0;然后,在图像中选择将要作为图案的图像区域。执行"编辑"→"定义图案"命令,在弹出的"图案名称"对话框中输入名称,单击"确定"按钮定义图案,如图4-19所示。

图 4-19 使用填充命令

执行"编辑"→"填充"命令,弹出"填充"对话框。然后在"填充内容"下拉列表框中选择一种填充方式,再单击"确定"按钮,如图4-20所示。如选择图案,则在自定图案中可以选择相应的图案进行填充,如图4-21所示。

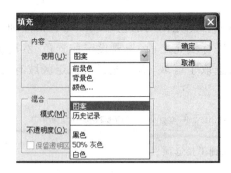

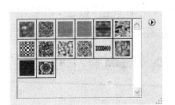

图 4-20 选择填充方式   图 4-21 选择图案

任务 4.3 手镯设计

本节知识要点：
(1) 渲染滤镜的使用。
(2) 图层样式的使用。

4.3.1 实例简介

本例制作手镯，最终效果图如图 4-22 所示。

4.3.2 制作流程

设置前景色、背景色→渲染云彩→绘制圆环→图层样式。

图 4-22 手镯最终效果图

4.3.3 操作步骤

(1) 执行"文件"→"新建"命令，或按 Ctrl+N 键新建一个文件，名称为"手镯"。设置其大小为 500×500 像素，白色背景，其他参数默认，单击"确定"按钮。

(2) 单击"图层"面板下方的"创建新图层"按钮创建图层 1，按 D 键设置前景色和背景色为默认的黑白色，执行"滤镜"→"渲染"→"云彩"命令。

(3) 执行"选择"→"色彩范围"命令，在弹出的"色彩范围"对话框中，使用吸管工具选取图中的灰色部分，并调整颜色容差为 80，单击"确定"按钮退出，如图 4-23 所示。

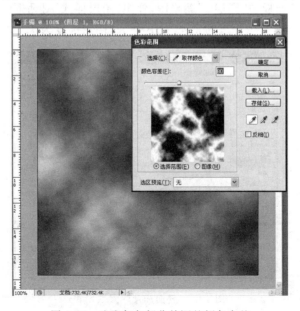

图 4-23 选取灰色部分并调整颜色容差

（4）单击工具箱中"前景色"色块，在弹出的"拾取器（前景色）"对话框中，设置 RGB 值分别为 13、122、4（深绿色）单击"确定"按钮。执行"选择"→"填充"命令，选择前景色进行填充。

（5）将光标放置在标尺处，当光标变成空心时拖动拉出水平和垂直参考线（注意：拉到近中间 1/2 处时，参考线会抖动一下，这时停下鼠标，即是水平或垂直的中心线）。选择椭圆选框工具，将光标放置在两条参考线的交点处，按住 Shift＋Alt 键的同时拖动鼠标，绘制一个以中心参考点为圆心的圆形选区。

（6）使用"椭圆选框工具"○，设置"从选区减去"□，按住 Shift＋Alt 键的同时拖动鼠标，绘出一个比较小的圆形选框，得到一个环形选区，如图 4-24 所示。

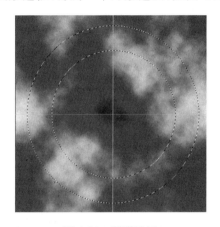

图 4-24　环形选区

（7）按 Ctrl＋Shift＋I 键进行反选（或执行"选择"→"反向"命令），再按 Delete 键删除。

（8）双击"图层"面板中"图层1"缩略图，弹出"图层样式"对话框。选中"斜面和浮雕"复选框，设置各个参数，其中深度为 164，大小为 27，阴影高度为 72，如图 4-25 所示。

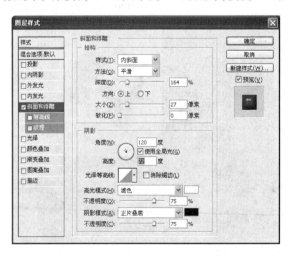

图 4-25　斜面和浮雕参数设置

（9）勾选"光泽"复选框，设置混合模式色块 RGB 为（24，189，11）（绿色），距离为 18，大小为 81，距离和大小可根据图像进行调整。

（10）设置"投影"选项，其中距离为 12 像素，大小为 13 像素，如图 4-26 所示。

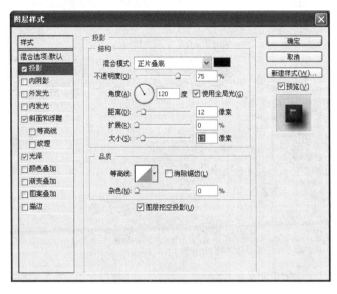

图 4-26   投影参数设置

（11）设置"内发光"选项，其中设置发光颜色为绿色，RGB 为（51，239，14），如图 4-27 所示。

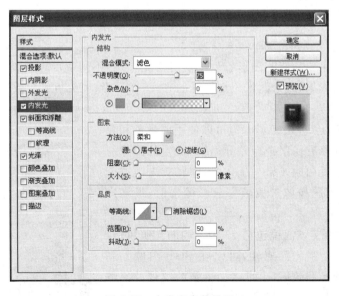

图 4-27   内发光参数设置

（12）设置完上述选项后，再次回到"斜面和浮雕"选项，设置阴影模式的色块为绿色，RGB 为（45，208，18），如图 4-28 所示。

注意：这一步是图层样式设置的最后一步，不能提前设置，否则可能得不到通透的效果。

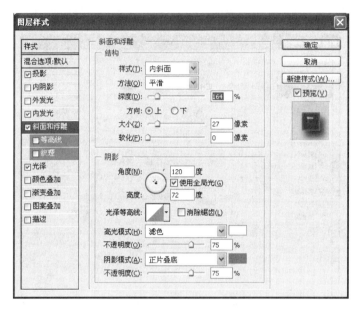

图 4-28　斜面和浮雕参数设置

（13）执行"视图"→"清除参考线"命令，最后效果图如图 4-22 所示。

4.3.4　课堂讲解

渲染滤镜

渲染滤镜的主要功能有图形着色以及明亮化作用，不同程度地使图像产生三维造型效果或光线照射效果，或给图像添加特殊的光线，如云彩、镜头折光等效果，渲染滤镜菜单如图 4-29 所示。

（1）分层云彩：分层云彩滤镜可以使用前景色和背景色对图像中的原有像素进行差异运算，产生的图像与云彩背景混合并反白的效果。工作时，它将首先生成云彩背景，然后再用图像像素值减去云彩像素值，最终产生朦胧的效果。

（2）光照效果：该滤镜包括 17 种不同的光照风格、3 种光照类型和 4 组光照属性，可以在 RGB 图像上制作出各种各样的光照效果，也可以加入新的纹理及浮雕效果等，使平面图像产生三维立体的效果。

执行"滤镜"→"渲染"→"光照效果"命令，弹出"光照效果"对话框，在缩略图中，调整光照效果的范围以及大小。

图 4-29　渲染滤镜菜单

（3）样式：使用存储的光照效果的样式。

（4）存储：用户可以自定义效果存储到光照校果的样式里。

（5）删除：删除存储在计算机里光照校里的样式。

（6）光照类型有平行光、全光源、点光。

① 平行光：以一条直线的形式，利用鼠标按住一点进行拖动，设置效果。

② 全光源：以圆形的形式，利用鼠标单击一点进工行拖动调整大小，设置效果。

③ 点光：任意单击一点使它变形，直到效果满意。

（7）强度：调整光照效果光的强度。

（8）聚焦：调整光照效果光的范围。

（9）光泽：调整光的强度。

（10）材料：调整塑料效果及金属质感。

（11）曝光度：调整曝光，数值小时曝光不足，数值越大，曝光度就越大。

（12）环境：调整当前文件图像光的范围。

（13）纹理通道：调整浮雕的样式，也可利通新建 Alpha 通道来选取。

（14）白色部分凸出：勾选此项，浮雕效果会像凹陷一样；若去掉此项，会形成凸出效果。

（15）高度：调整平滑或凸起的程度。

（16）镜头光晕：镜头光晕滤镜能够模仿摄影镜头朝向太阳时，明亮的光线射入照相机镜头后所拍摄到的效果，模拟白天太阳照射下来发出的光感。这是摄影技术中一种典型的光晕效果处理方法。

（17）光晕中心：在缩略图中有一个"＋"号，可以利用鼠标来进行拖动，来指定光的位置。

（18）亮度：调整当前文件图像光的亮度，数值越大光照射的范围越大。

（19）镜头类型如下。

① 50～300mm 聚焦：照射出来的光是计算机的默认值，如图 4-30 所示。

② 35mm 聚焦：照射出来的光感稍强，如图 4-31 所示。

图 4-30 50～300mm 聚焦   图 4-31 35mm 聚焦

③ 105mm 聚焦：照射出来的光感会更强，如图 4-32 所示。

（20）电影镜头：从光源的中心产生 4 条光线，如图 4-33 所示。

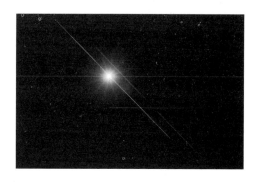

图 4-32　105mm 聚焦　　　　　　　　　　图 4-33　电影镜头

（21）纤维：产生由前景色与背景色创建机织纤维的外观。

（22）云彩：云彩滤镜是唯一能在空白透明层上工作的滤镜。它不使用图像现有像素进行计算，而是使用前景色和背景色计算。使用它可以制作出天空、云彩、烟雾等效果。

任务 4.4　杭州城市标志设计

本节知识要点：

（1）钢笔工具的使用。

（2）填充命令的使用。

4.4.1　实例简介

本例制作杭州城市标志，最终效果图如图 4-34 所示。

4.4.2　制作流程

设置前景色→绘制尖角选区→填充选区→绘制圆环选区→填充选区。

4.4.3　操作步骤

（1）打开 Photoshop CS5，执行"文件"→"新建"命令，设置宽度和高度都为 600 像素，新建一个文件。

（2）使用钢笔工具绘制路径，建立选区如图 4-35 所示。

图 4-34　杭州城市标志最终效果图　　　　图 4-35　建立选区

（3）单击"创建新图层"按钮 ⊒ 新建一个新的图层"图层 1"。右击路径，在弹出的快捷菜单中选择"建立选区"命令，设置羽化值为 0，单击"确定"按钮建立选区。执行"编辑"→"填充"命令，使用黑色填充选区。

（4）将图层 1 拖动到"创建新图层"按钮 ⊒ 处，创建图层 1 的复制图层。执行"编辑"→"变换"→"水平翻转"命令，移动到与图层 1 对称的位置，如图 4-36 所示。隐藏"背景"图层，将图层 1 和图层 1 副本合并。

（5）使用矩形选框工具选取图形中间的尖角部分，如图 4-37 所示。执行"图层"→"新建"→"通过剪切的图层"命令，将尖角部分与其余部分分成两个图层，如图 4-38 所示。

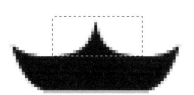

图 4-36　图层 1 和图层 1　　　　图 4-37　选区图形中间的尖角部分　　　图 4-38　将尖角部分与其余
　　　副本合并后的效果图　　　　　　　　　　　　　　　　　　　　　　　　　　　部分分成两个图层

（6）将"图层 2"复制一份，"图层 1"复制 4 份。调整位置后的效果图如图 4-39 所示。

（7）使用与步骤（2）相同的方法，绘制最后一个尖角形状，如图 4-40 所示。

图 4-39　调整位置后的效果图　　　　　　　　图 4-40　绘制最后一个尖角

（8）新建一个新的图层，分别建立一条水平参考线和一条垂直参考线。选取"椭圆选框工具"为最终效果图，在参考线交点处拖动鼠标，同时按住 Shift＋Alt 键，绘制圆形，如图 4-41 所示。

（9）执行"编辑"→"填充"命令，使用黑色填充选区。在参考线交点处拖动鼠标，同时按住 Shift＋Alt 键，绘制一个略小的圆形，按 Delete 键删除圆形区域，效果图如图 4-42 所示。

（10）合并背景图层以外的图层，将图层名命名为"标志"，使用矩形选框工具选取矩形区域，并删除选区内的内容。

（11）使用"矩形选框工具"选取矩形区域，执行"编辑"→"填充"命令，得到如图 4-22 所示的最终效果图。

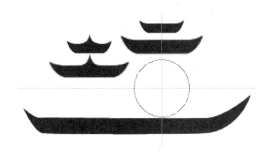

图 4-41　绘制圆形　　　　　　　　　图 4-42　删除圆形区域后的效果图

4.4.4　课堂讲解

调整边缘

调整边缘可以将选取范围的边缘背景去除,达到快速选取图形的作用,调整边缘结合了抽出滤镜的效果,这个功能一般是用来抽取毛发,"调整边缘"命令如图 4-43 所示。

使用磁性套索工具选定一个略大的选区如图 4-44 所示。执行"选择"→"调整边缘"命令,弹出如图 4-45 所示"调整边缘"对话框。

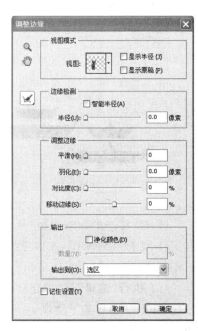

图 4-43　"调整边缘"命令　　　图 4-44　用磁性套索工具　　　图 4-45　"调整边缘"对话框
　　　　　　　　　　　　　　　选定一个略大的选区

　　(1) 显示半径:勾选"显示半径"复选框,再勾选"智能半径"复选框,在选区范围往外和往内各扩大了一部分,形成一条宽宽的选区,拖动滑块半径可以调整选区的厚度。

（2）显示原稿：勾选该选项，可显示图像原稿。

（3）平滑：拖动滑块设置边缘的平滑效果。

（4）羽化：拖动滑块设置边缘的羽化效果。

（5）对比度：拖动滑块设置边缘的对比度。

（6）移动边缘：拖动滑块移动边缘的位置。

（7）调整半径工具 ：可以通过涂抹缩小选取范围。

（8）抹除调整工具：和调整半径工具是一组工具，可以交替使用。

（9）净化颜色：勾选"净化颜色"复选框可以把选取的半透明部分自动进行颜色调整，使其和周围颜色保持一致。

项目实训

实训 1 百事可乐标志

实训要求：制作一个如图 4-46 所示的百事可乐标志。

操作过程如下。

（1）打开 Photoshop CS5，执行"文件"→"新建"命令，创建一个 500×500 像素的文件，将前景色设置为蓝色，RGB 为(0,0,255)。

（2）选择工具栏中的椭圆工具 ，按住 Shift 键的同时拖动鼠标绘制一个圆，图层面板创建了一个形状 1 图层。拖动形状 1 图层到图层面板中的"创建新图层"按钮 上，复制一个新的图层。双击图层面板中的图层缩览图，将颜色设置为白色，用同样方法再复制一个图层，将颜色设置为红色，并分别从下到上将图层命名为蓝色、白色、红色。

（3）单击红色图层，使红色图层为选中状态，选择工具箱中的矩形工具 ，选择交叉形状区域，拖动鼠标创建一个矩形，使矩形与圆形交叉。

（4）单击工具箱中的"添加锚点工具"按钮 ，在矩形工具上添加一个锚点，并调整锚点的方向线，如图 4-47 所示。

图 4-46 最终效果图

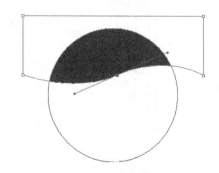

图 4-47 调整锚点

(5) 单击工具箱中的路径选择工具 ，单击图 4-48 中的矩形路径，按 Ctrl+C 键复制路径，再按 Ctrl+X 键进行剪切。单击白色图层，使白色图层处于选中状态，按 Ctrl+V 键粘贴路径，选择从选区减去工具 ，得到图 4-48 所示的效果图。

(6) 执行"编辑"→"变换路径"→"水平翻转"命令，执行"编辑"→"变换路径"→"垂直翻转"命令，效果图如图 4-49 所示。并单击"背景"图层中的"指示图层可见性"按钮，隐藏背景图层，执行"图层"→"合并可见图层"命令，并单击"背景"图层中的"指示图层可见性"按钮 ，显示"背景"图层。

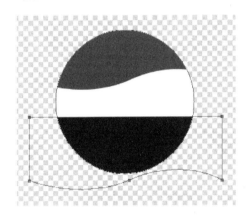
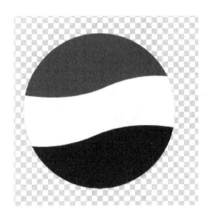

图 4-48　粘贴路径后的效果图　　　　　　图 4-49　变换路径后的效果图

(7) 双击蓝色图层，弹出"图层样式"对话框。选中"外发光"复选框，设置"混合模式"为"正常"，设置"发光颜色"为蓝色，如图 4-50 所示。选中"斜面和浮雕"复选框，设置"深度"为 62%，"大小"为 90 像素，"软化"为 4 像素，如图 4-51 所示。最终效果图如图 4-46 所示。

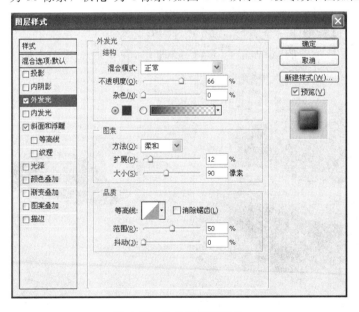

图 4-50　外发光参数设置

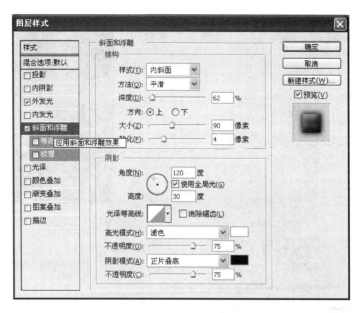

图 4-51　斜面和浮雕参数设置

实训 2　指示牌

实训要求：制作一个如图 4-52 所示的指示牌。

操作过程如下。

（1）打开 Photoshop CS5，把前景色设置为深褐色（RGB(75,30,14)），背景色设置为淡褐色（RGB(132,86,50)）。也可根据需要的木头来选择前景色背景色。

（2）新建一个 500×500 像素的文件，用背景色填充图像。

（3）执行"滤镜"→"纹理"→"颗粒"命令，设置参数强度为 14，对比度为 23，颗粒类型为水平。

（4）执行"滤镜"→"扭曲"→"旋转"命令，设置参数，单击"确定"按钮。

（5）使用矩形选框工具和椭圆选框工具建立如图 4-52 所示选区，执行"图像"→"裁剪"命令。最后，输入文字和方向箭头，最终效果如图 4-53 所示。

图 4-52　建立的选区　　　　　图 4-53　最终效果图

实训 3　梦幻波纹

实训要求：利用 Photoshop CS5 制作如图 4-60 所示的效果图。

操作过程如下。

（1）新建一个 400×400 像素，颜色模式为 RGB
的文件，执行"编辑"→"填充"命令，选择黑色进行填
充，设置背景层为黑色。

（2）执行"滤镜"→"渲染"→"镜头光晕"→"电影
镜头"命令，设置亮度为 100%，在中心处选点，单击
"确定"按钮设置电影镜头。

（3）再分别点选其他两处，尽量在同一斜线上，
效果图如图 4-54 所示。

（4）执行"滤镜"→"扭曲"→"极坐标"→"平面坐
标到极坐标"命令。参数可根据需要设置，这里设置
为 33%。

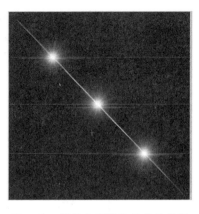

图 4-54　设置电影镜头后的效果图

（5）将"背景"图层拖动到"创建新图层"按钮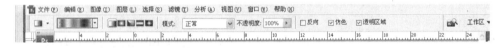
上复制一个图层，执行"编辑"→"变换"→"旋转 180°"命令，双击"背景 副本"图层，设置图
层模式为滤色，执行"图层"→"向下合并"命令。

（6）执行"滤镜"→"扭曲"→"水波"命令，设置数量为－16，起伏为 6，样式为水池波
纹，执行"滤镜"→"模糊"→"高斯模糊 0.5"命令。

（7）单击"创建新图层"按按 新建一个图层，在工具栏中选择渐变工具，单击"点
按可编辑渐变"按钮，选择透明彩虹，如图 4-55 所示。在图层上从左到右拖动，设
置填充如图 4-57 所示渐变。双击"图层 1"，设置图层模式为叠加，效果如图 4-57 所示。

图 4-55　选择渐变工具

图 4-56　填充渐变效果图 1

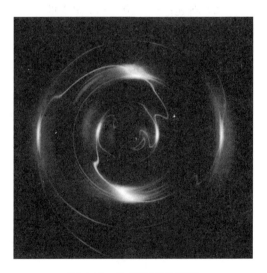

图 4-57　叠加渐变效果图

（8）再添加一个新的图层，从上到下拖动鼠标，填充如图 4-58 所示渐变，设置图层模式为叠加，最终效果如下图 4-59 所示。

图 4-58 填充渐变效果图 2

图 4-59 最终效果图

实训 4 adidas 标志

实训要求：利用 Photoshop CS5 制作如图 4-60 所示的效果图。

图 4-60 最终效果图

操作过程如下。

（1）打开 Photoshop CS5，执行"文件"→"新建"命令，创建一个 600×600 像素的文件，将前景色设置为白色，RGB 分别为 255、255、255，将"背景"图层填充为白色。

（2）执行"视图"→"标尺"命令，执行"视图"→"新建参考线"命令，分别在 6cm、7cm、8cm 处创建水平参考线，在 3cm、6.6cm、8cm、13cm 处创建垂直参考线，如图 4-61 所示为创建参考线后的效果。

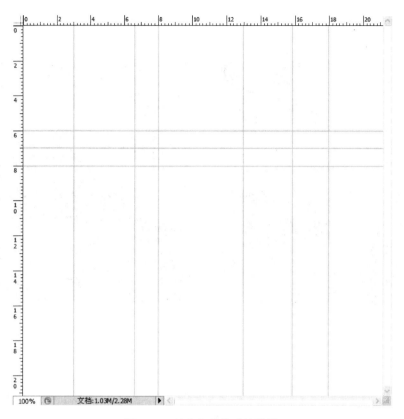

图 4-61　创建参考线后的效果

（3）创建一个新的图层"图层1"，设置前景色为蓝色，RGB值为(0,119,189)。使用矩形选框工具 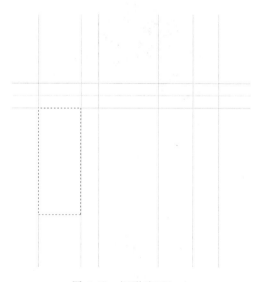，选择如图4-62所示的矩形选区，并使用前景色填充。

图 4-62　矩形选区(一)

（4）将"图层 1"复制两份，使用移动工具移动其位置，按 Ctrl＋T 键将复制的两个图形拉长，效果如图 4-63 所示。

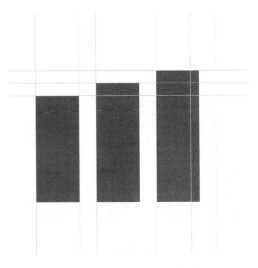

图 4-63 将复制矩形拉长后的效果图

（5）将"图层 1"和"图层 1"的两个副本图层合并。按 Ctrl＋T 键将图形逆时针旋转 30°，如图 4-64 所示。使用矩形选取工具选择如图 4-65 所示的矩形选区，并删除选区中的内容。

图 4-64 旋转参数设置

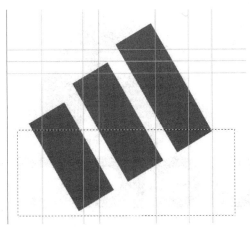

图 4-65 矩形选区（二）

（6）使用椭圆选框工具，设置样式为"固定大小"，高度和宽度都为 100 像素。创建一个新的图层"图层 2"，在空白处单击得到圆形，使用前景色填充。使用"移动工具"在圆形的中心分别创建一条水平参考线和一条垂直参考线，再将椭圆工具固定大小设置为 60 像素，在空白处单击，将选区移到刚才创建的圆形中间，按 Delete 键删除，得到蓝色圆环。将

"图层 2"复制 3 份,将复制的图层移动的相应的位置,如图 4-66 所示为调整位置后的效果。

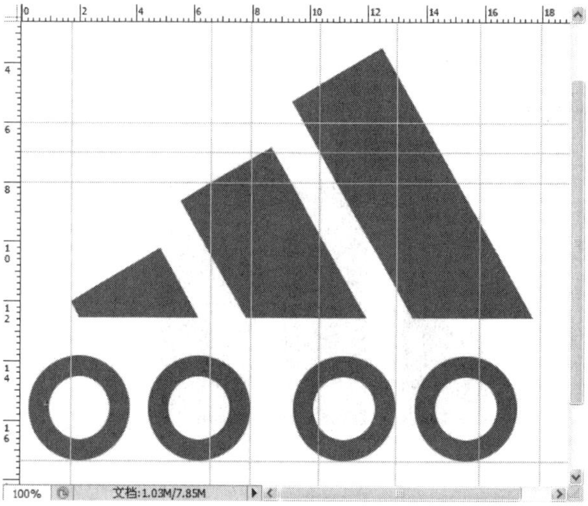

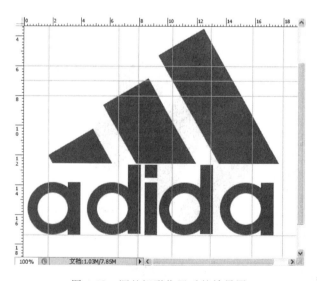

图 4-66   调整位置后的效果

(7) 使用矩形选框工具,设置样式为"固定大小",高度为 130 像素,宽度为 25 像素,创建新的图层。在空白处单击,执行"编辑"→"填充"命令,使用前景色填充,复制一份,同样将矩形选框工具高度设置为 60 像素,宽度不变,用前景色填充,复制两份,再将高度设置为 25 像素,用前景色填充,将矩形放置在合适的位置,如图 4-67 所示为调整矩形位置后的效果。

图 4-67   调整矩形位置后的效果图

(8) 使用横排文字工具输入字母"s",设置字体格式参数如图 4-68 所示。

(9) 右击"文字"图层,在弹出的快捷菜单中选择"转换为形状"命令,如图 4-69 所示。使用直接选择工具将字母"s"略作调整,得到如图 4-70 所示的效果。

图 4-68　设置字体格式参数

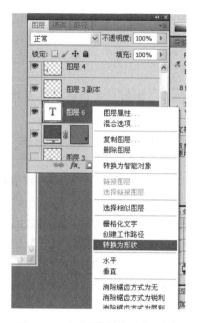

图 4-69　选择"转换为形状"命令

图 4-70　调整"s"后的效果图

（10）使用文字工具输入字母"R"，设置字体格式参数如图 4-60 所示。使用与步骤（6）相同方法绘制一个圆环。执行"视图"→"清除参考线"命令，得到最终效果图如图 4-60 所示。

思考与练习

一、多项选择题

1. 在 Photoshop CS5 中，（　　）是不会随着画面放大缩小（使用缩放工具）的变化而产生视觉上大小的变化的。

　　A. 路径和锚点　　　　B. 辅助线　　　　　C. 度量工具　　　　D. 像素

2. 下面对"色阶"命令描述正确的是（　　）。

　　A. 在"减小色阶"对话框中"输入色阶"最右侧的数值导致图像变亮

　　B. 在"减小色阶"对话框中"输入色阶"最右侧的数值导致图像变暗

　　C. 在"增加色阶"对话框中"输入色阶"最左侧的数值导致图像变亮

　　D. 在"增加色阶"对话框中"输入色阶"最左侧的数值导致图像变暗

3. 按以下（　　）项可将背景转变为一个图层。

　　A. 执行"图层"→"新建"→"图层"命令

　　B. 执行"图层"→"变换"命令

　　C. 按住 Alt＋单击"图层"面板中的"预视图"按钮

　　D. 双击图层面板上的背景层

4. 在"文字工具"对话框中，当将"消除锯齿"选项关闭会出现（　　）项结果。

　　A. 文字变为位图

　　B. 文字依然保持文字轮廓

　　C. 显示的文字边缘会不再光滑

　　D. 对从 Adobe Illustrator 中输入到 Photoshop CS5 中的文字，没有任何影响

5. 除了魔棒工具之外，（　　）命令或工具依赖"容差"（Tolerance）设定。

　　A. "选择"→"选取相似"　　　　　　　B. "选择"→"扩大选取"

　　C. "选择"→"修改"→"扩边"　　　　　D. "选择"→"修改"→"收缩"

6. 下列对背景层描述正确的是（　　）。

　　A. 始终在最底层　　　　　　　　　　B. 不能隐藏

　　C. 不能使用快速蒙板　　　　　　　　D. 不能改变其不透明度

7. 下列（　　）方法可以使图像中的颜色变成绿色。

　　A. 将图像转化为 Lab 模式图像，并将 a 通道删除

　　B. 执行"图像"→"调整"→"反相"命令

　　C. 执行"图像"→"调整"→"色相/饱和度"命令，在"色相/饱和度"对话框中选择"编辑"→"绿色"调整色相数值

　　D. 执行"图像"→"调整"→"色彩平衡"命令，调整色阶数值

8. 对于图层蒙板下列说法正确的是（　　）。

A. 用黑色的毛笔在图层蒙板上涂抹,图层上的像素就会被遮住

B. 用白色的毛笔在图层蒙板上涂抹,图层上的像素就会显示出来

C. 用灰色的毛笔在图层蒙板上涂抹,图层上的像素就会出现渐隐的效果

D. 图层蒙板一旦建立,就不能被修改

9. 点文字可以通过下面(　　　)命令转换为段落文字。

A. "图层"→"文字"→"转换为段落文字"

B. "图层"→"文字"→"转换为形状"

C. "图层"→"图层样式"

D. "图层"→"图层属性"

10. 当将浮动的选择范围转换为路径时,所创建的路径的状态是(　　　)。

A. 工作路径　　　B. 开放的子路径　　C. 剪贴路径　　　D. 填充的子路径

11. 关于"自定形状工具",使用 Photoshop CS5 默认用法,以下说法正确的是
(　　　)。

A. 自定形状工具画出的对象会以一个新图层的形式出现

B. 自定形状工具画出的对象是矢量的

C. 可以用钢笔工具对自定形状工具画出对象的形状进行修改

D. 自定形状工具画出的对象实际上是一条路径曲线

12. 下列关于路径的描述正确的是(　　　)。

A. 路径可以用画笔工具进行描边

B. 当对路径进行填充颜色时,路径不可以创建镂空的效果

C. 路径面板中路径的名称可以随时修改

D. 路径可以随时转化为浮动的选区

二、操作题

1. 绘制玉兔。

实训要求:参照学习任务三,绘制如图 4-71 所示的玉兔。

提示:玉兔形状可由自定形状工具绘制。

2. 绘制雪铁龙标志。

实训要求:绘制如图 4-72 所示的雪铁龙标志。

3. 绘制长安标志。

实训要求:绘制如图 4-73 所示长安汽车标志。

图 4-71　玉兔

图 4-72　雪铁龙标志

图 4-73　长安汽车标志

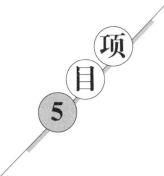

项目 5 广告设计

★技能目标
(1) 能熟练地利用 Photoshop CS5 设计与制作广告和海报。
(2) 掌握海报和广告的设计与制作技巧。

★知识目标
(1) 掌握图层混合模式的应用。
(2) 掌握杂色滤镜的使用。
(3) 掌握快速蒙板的使用。

任务 5.1 楼盘广告

本节知识要点：
图层混合模式。

5.1.1 案例简介

广告是一种集艺术、创意、设计于一身的作品。楼盘广告在表现上应把握一个合适的度,且不应仅仅将画面作为吸引人们注意的一个手段,而应借助形象及主题体现楼盘整体品牌或开发商的个性。基于这种思路本案例介绍"海之乡"楼盘广告的设计与制作过程。最终效果图如图 5-1 所示。

图 5-1 "海之乡"楼盘广告最终果图

5.1.2 制作流程

新建文件→移入素材→添加蒙板→制作装饰图像→更改图层混合模式。

5.1.3 操作步骤

（1）执行"文件"→"新建"命令，在弹出的"新建"对话框的名称一栏中输入"楼盘"，设置宽度为 1024 像素，高度为 768 像素，分辨率为 72 像素/英寸，模式为 RGB，背景内容为透明，单击"确定"按钮完成新建图像。

（2）将素材文件"材海.jpg"拖入画布，图层命名为"海"。打开"楼盘.jpg"，将其移入到海景上，图层命名为"楼盘"。单击"图层"面板下面的"添加矢量蒙板"按钮 🔲，设置前景色为黑色，在蒙板上涂抹，使楼盘和海岸能自然衔接，效果如图 5-2 所示。

（3）单击"图层"面板下面的"创建新的填充或调整图层"按钮 ◐，执行"编辑"→"调整"→"色彩平衡"命令，在默认选项中设置参数为 0、−25、0，参数设置如图 5-3 所示。

图 5-2　楼盘和海岸自然衔接后的效果

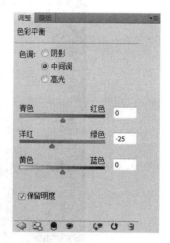

图 5-3　参数设置

（4）新建一个图层，命名为"加深天空颜色"。选择矩形选框工具，在图像上创建矩形选区，并且设置填充颜色为♯092C5C，然后再添加由上到下的黑白渐变蒙板，加深天空颜色的效果如图 5-4 所示。

（5）打开素材文件"月亮.jpg"，选择移动工具，将其移入楼盘文件中。按 Ctrl＋T 键对月亮进行适当拖放。双击该图层，打开"图层样式"对话框，勾选"外发光"复选框，将颜色设置为♯DAEEF2 ，"方法"为"柔和"，"扩展"为 0，"大小"为 177，移入月亮后的效果如图 5-5 所示。

图 5-4　加深天空颜色后的效果

图 5-5　移入月亮后的效果

(6) 选择直排文字工具,在图像上面输入"海之乡"。设置字体为幼圆,"海"和"乡"大小为 80,"之"为 36。选中"海之乡"文字层,右击,在弹出的菜单中选择"栅格化文字"命令,并在"图层"面板中单击"添加图层样式"按钮 **fx**,添加"外发光"图层样式。设置外发光为白色,参数设置如下:"扩展"为 57%,"大小"为 10 像素。得到添加主题文字后的效果如图 5-6 所示。

图 5-6 添加文字后的效果

（7）新增图层，命名为"装饰"。选择"矩形选框工具"，在"海之乡"的右边绘制矩形选区，使用渐变工具填充透明到白色到透明渐变，效果如图 5-7 所示。改变图层混合模式为"柔光"，图层状态如图 5-8 所示。

图 5-7 填充透明到白色到透明渐变后的效果

（8）选择直排文字工具，设置字体为宋体，输入文字"臻品呈现"以及"东海之边 水天相连"，设置文字为白色。选择横排文字工具，输入地址及联系电话，添加广告文字后的效果如图 5-9 所示。

图 5-8　图层状态

图 5-9　添加广告文字后的效果

　　（9）新建图层,命名为"星星"。选择画笔工具,选择"流星画笔",并选择不同的画笔大小画上星星,为画面增加活泼感,添加星星后的效果如图 5-1 所示。

5.1.4　课堂讲解

图层混合模式

　　图层混合模式是将当前选定的图层与下面的图层进行混合,从而产生另外一种图像显示效果。通过讲解图层混合模式知识点,让人们能够清楚的了解图层混合模式的概念,以便更加深刻的运用它来做各种平面处理。教程使用白和黑之间的色彩来进行实验,对于图层混合物合模式中的溶解、饱和度、亮度、色彩、点光、色相、变暗、变亮等混合模式就要靠自己去实践了。

　　图层混合模式得到的结果与图层的明暗色彩有直接关系,因此在进行模式选择时,必须根据图层自身的特点灵活应用。单击"图层"面板中 正常 的下三角按钮,即可在弹出的下列列表框中可以进行各种模式的混合。通过观察图 5-10 中图层模式改变所引起的变化,能更深入了解混合模式。图 5-11 所示为"图层模式"菜单。

图 5-10　选择图层　　　　　　　　图 5-11　"图层模式"菜单

（1）正常模式：这是 Photoshop CS5 默认的模式。选择该模式后，绘制出来的颜色会覆盖原来的颜色。只有当色彩是半透明时，才会露出底部的色彩。

（2）颜色加深模式：它是通过查看每个通道中的颜色信息，并通过增加对比度使基色变暗以反映混合色。与白色混合后不产生变化。效果如图 5-12 所示。

图 5-12　颜色加深模式效果

（3）颜色减淡模式：查看每个通道中的颜色信息，并通过减小对比度使基色变亮以反映混合色。与黑色混合则不发生变化。效果如图 5-13 所示。

（4）变亮模式：查看每个通道中的颜色信息，并选择基色或混合色中较亮的颜色作为结果色。比混合色暗的像素被替换，比混合色亮的像素保持不变。效果如图 5-14 所示。

（5）柔光模式：可使颜色变亮或者变暗，具体取决于混合色。如果混合色（光源）比

图 5-13　颜色减淡模式效果

图 5-14　变亮模式效果

50％灰色亮,则图像变亮,就像被减淡了一样;如果混合色(光源)比 50％灰色暗,则图像变暗,就像被加深了一样。效果如图 5-15 所示。

图 5-15　柔光模式效果

(6) 叠加模式:该混合模式用于复合或过滤颜色,最终效果取决于基色。图案或颜色在现有图像上叠加,同时保留基色的明暗对比。不替换基色,但基色与混合色相混以反映原色的亮度或暗度。效果如图 5-16 所示。

(7) 强光模式:是复合或过滤颜色,具体取决于混合色。此效果与耀眼的聚光灯照在图像上相似。如果混合色(光源)比 50％灰色亮,则图像变亮,就像过滤后的效果,其对于向图像中添加高光非常有用;如果混合色(光源)比 50％灰色暗,则图像变暗,就像复合

图 5-16　叠加模式效果

后的效果,其对于向图像添加暗调非常有用。用纯黑色或纯白色绘画会产生纯黑色或纯白色。效果如图 5-17 所示。

图 5-17　强光模式效果

　　(8) 亮光模式:它是通过增加或减小对比度来加深或减淡颜色,具体取决于混合色。如果混合色(光源)比 50％灰色亮,则通过减小对比度使图像变亮;如果混合色比 50％灰色暗,则通过增加对比度使图像变暗。

　　(9) 线性光模式:它是通过减小或增加亮度来加深或减淡颜色,具体取决于混合色。如果混合色(光源)比 50％灰色亮,则通过增加亮度使图像变亮;如果混合色比 50％灰色暗,则通过减小亮度使图像变暗。

　　(10) 点光模式:就是替换颜色,具体取决于混合色。如果混合色(光源)比 50％灰色亮,则替换比混合色暗的像素,而不改变比混合色亮的像素;如果混合色比 50％灰色暗,则替换比混合色亮的像素,而不改变比混合色暗的像素。其对于向图像添加特殊效果非常有用。

　　(11) 差值模式:它是通过查看每个通道中的颜色信息,并从基色中减去混合色或从混合色中减去基色,具体取决于哪一个颜色的亮度值更大。与白色混合将反转基色值;与黑色混合则不产生变化。

　　(12) 排除模式:它是指创建一种与"差值"模式相似但对比度更低的效果。与白色混合将反转基色值;与黑色混合则不发生变化。

　　(13) 颜色模式:它是用基色的亮度以及混合色的色相和饱和度创建结果色。这样,可以保留图像中的灰阶,并且对于为单色图像上色和为彩色图像着色都非常有用。

(14)明度模式:它是用基色的色相和饱和度以及混合色的亮度创建结果色。此模式将创建与"颜色"模式相反的结果。

任务 5.2　公益广告

本节知识要点:
杂色滤镜。

5.2.1　案例简介

比起商业广告,公益广告在创意上相对自由一些,因为商业广告必受到广告主的制约。而公益广告只需符合本国的道德规范和法律,受制约较小,因此创作者有更大的发挥余地。本例介绍了禁烟广告的设计与制作过程。最终效果图如图 5-18 所示。

5.2.2　制作流程

制作香烟→点燃香烟→制作烟雾→输入文字。

图 5-18　最终效果图

5.2.3　操作步骤

(1)新建一个大小为 800×600 像素背景为透明的文件。新建一个图层"香烟 1",用矩形选框工具画一个长方形的选区,前景色设为白色,按 Alt+Delete 键填充颜色,效果如图 5-19 所示。

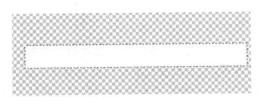

图 5-19　填充颜色后的效果

(2)新建一个图层"香烟 2",设置渐变填充颜色为灰♯E3DEDB 白灰♯E3DEDB,选择渐变工具的线性渐变,填充渐变后的效果如图 5-20 所示。

(3)取消选区。在"图层"面板中新建图层,命名为"香烟 3"。前景色 RGB 设置为♯E68737,用"矩形选框工具"画出烟嘴矩形选区。按 Alt+Delete 键填充颜色,效果如图 5-21 所示。

图 5-20　填充渐变后效果

图 5-21　填充颜色后的效果

（4）用套索工具，按住 Shift 键随意画出选区，修饰后的烟嘴效果图如图 5-22 所示，执行"图像"→"调整"→"色阶"命令，色阶参数设置如图 5-23 所示。

图 5-22　修饰后的烟嘴效果

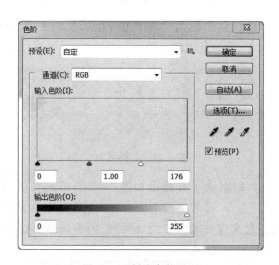

图 5-23　色阶参数设置

（5）取消选区，合并所有图层，命名为"香烟"。新建一个图层"烟灰"。用套索工具画出烟灰的选区。设置前景色为黑色，在烟灰选区填充从黑到透明渐变，效果如图 5-24 所示。

（6）对烟灰添加滤镜，执行"滤镜"→"杂色"→"添加杂色"命令，参数设置如图 5-25 所示。

图 5-24　烟灰选区填充从黑到透明渐变后的效果

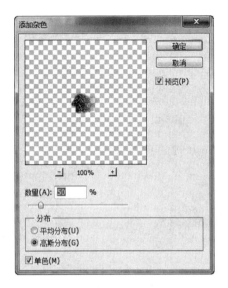

图 5-25　杂色滤镜参数设置

（7）选择画笔工具，设置前景色为♯A40000，在烟灰的上面新建一个图层"火"。用画笔工具点一下，图 5-26 所示为点燃效果。

图 5-26　点燃效果

（8）激活香烟的图层，用套索工具画出如图 5-27 所示的选区，羽化 1 个像素。执行"图像"→"调整"→"亮度"命令，设置亮度为－37，对比度为 0，取消选区，用橡皮工具把烟嘴的方角擦圆一些，要看起来像被嘴湿过的，修饰后的香烟效果如图 5-28 所示。

图 5-27　选区

（9）创建一个新图层，用套索工具在烟灰侧套出一个区域，并用色彩♯704242 填充。

选择绘画模式为"柔边",并用橡皮擦工具对填充区进行适当擦除,将"香烟"、"火"、"烟灰"图层同时选中,右击,在弹出的快捷菜单中选择"链接图层"命令,对整个香烟进行旋转。图 5-29 所示为香烟的合适位置效果。

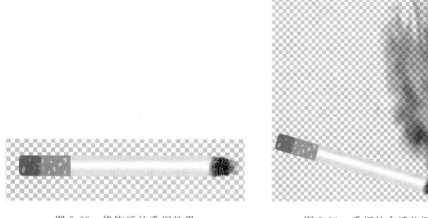

图 5-28　修饰后的香烟效果　　　　　　　图 5-29　香烟的合适位置效果

(10) 下面介绍如何制作烟雾。新建图层,进入"快速蒙板模式"状态,设前景色为黑色,背景色为白色。执行"滤镜"→"渲染"→"云彩"命令,因图像处于"快速蒙板"状态,所以图像上有不规则的红色半透明区域产生按 Q 键退出快速蒙板,则可得到不规则的选区,填充前景色,按 Ctrl+T 键,变化烟雾层的大小,然后用橡皮擦工具擦烟雾图层,用涂抹工具去涂抹变形烟雾,以使其具有烟的效果。

(11) 新建图层"背景"。设置前景色为♯632222,按 Alt+Delete 键填充颜色。把该图层放到最下层。

(12) 选择直排文字工具,设置字体为方正舒体,颜色为白色,输入"点燃它,会让你变成一缕黑烟"。栅格化文字层,并对文字添加滤镜。执行"滤镜"→"风格化"→"风"命令,参数设置如下:"方法"选择"风";"方向"选择"向右"。图 5-18 所示为禁烟广告最终效果。

5.2.4　课堂讲解

杂色滤镜

执行"滤镜"→"杂色"命令,可打开滤镜的杂色功能。

杂色滤镜可以将杂色与周围像素混合起来,使之不太明显。杂色滤镜也可用于在图像中添加粒状纹理。

(1) 添加杂色滤镜:可以用于减少羽化选区或渐变填充的色带,或用来使过度修饰的区域显得更真实。

① 数量:设置杂色增加的程度。

② 分布:该项可以设置图像处理时杂色的分布方式。包括平均分布,即用 0 加或减指定数值之间的随机数字分布颜色值,得到精确效果;高斯分布,即按高斯曲线的分布来

决定杂色的随机程度。

③ 单色：杂色不以彩色表示，而以单色表现。

（2）去斑滤镜：按照图形的颜色分布情形，自动判别哪些地方是不必要的斑点，并以其他周围可能相近的颜色来取代，此滤镜操作由于是系统自动判断，因此没有对话框可供用户调整操作参数。

（3）蒙尘与划痕滤镜：通过更改相异的像素减少杂色。

（4）减少杂色滤镜：可以除去影响图片质量的杂色，通过调整强度、保留细节等选项设置让图像更符合要求。

（5）中间值滤镜：可以将选区的像素亮度混合，以平均的方式来重新分布计算，通过该滤镜可以消除杂色或特殊效果。

任务 5.3　怀旧海报

本节知识要点：

快速蒙板。

5.3.1　案例简介

海报设计必须有相当的号召力与艺术感染力，要调动形象、色彩、构图形式感等因素形成强烈的视觉效果；它的画面应有较强的视觉中心，应力求新颖、单纯，还必须具有独特的艺术风格和设计特点。图 5-30 所示为怀旧海报。

图 5-30　怀旧海报

5.3.2 制作流程

打开素材→制作脸部聚焦→制作眼部聚焦→制作文字。

5.3.3 操作步骤

（1）执行"文件"→"打开"命令，选定一张要处理的图片。单击工具箱中的"设置前景色"按钮，在弹出的"拾色器"对话框中设置前景色参数，如图 5-31 所示。新建一个图层，默认名为"图层 1"，用刚才设置的前景色填充"图层 1"，效果如图 5-32 所示。

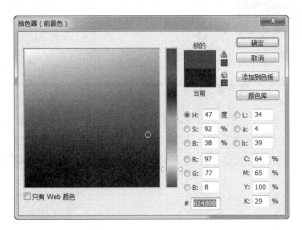

图 5-31 设置前景色参数   图 5-32 填充前景色后的效果

（2）在"图层"面板中把"图层 1"的图层模式更改为"颜色"，这样做是为了改变图像色调，虽然方法有很多，在这里用图层模式是为了在不影响图片的情况下方便查看效果，效果及图层状态如图 5-33 所示。

图 5-33 颜色模式效果及图层状态

（3）单击工具箱中的"切换前景色和背景色"按钮 ，单击"设置前景色"按钮 ，在弹出的"拾色器"对话框中，选择"浅灰色"（这里灰色自定），如图 5-34 所示。

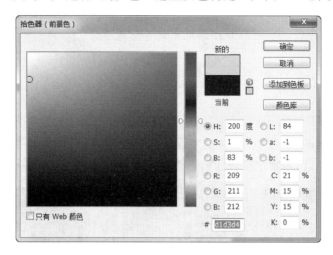

图 5-34　拾色器设置

（4）新建一个图层"图层 2"，并且填充所选择的浅灰色。在这里选择灰色是有原因的，不同与白色直接加杂，它们的色阶值是有区别的，读者可以动手试试，一张白画布添加杂色和（各）灰色画布添加杂色后的效果，色阶的变化是不相同的，填充灰色后的效果及图层状态如图 5-35 所示。

图 5-35　填充灰色后的效果及图层状态

（5）执行"滤镜"→"杂色"→"添加杂色"命令，在浅灰色中加入杂点，制作噪点感觉。

（6）弹出"添加杂色"对话框，在数量中输入合适的数值，在"分布"中选择"平均分布"，勾选"单色"复选框。参数设置如图 5-36 所示。

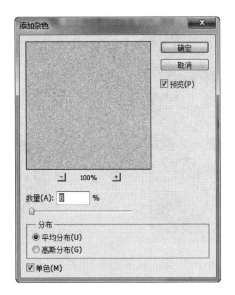

图 5-36　添加杂色参数设置

（7）添加杂色后的"图层 2"效果及图层状态如图 5-37 所示。

图 5-37　添加杂色后的"图层 2"效果及图层状态

（8）更改"图层 2"的图层混合模式为颜色加深，得到的效果及图层状态如图 5-38 所示。

（9）另复制一层背景层为"背景副本"。并且进入"以快速蒙板模式编辑"，得到的效果及图层状态如图 5-39 所示。

（10）使用渐变工具，以径向渐变从图像中间向外拉出从前景色白色到背景色黑色的渐变效果，得到的效果如图 5-40 所示。

图 5-38　颜色加深模式效果及图层状态

图 5-39　快速蒙板状态效果及图层状态

图 5-40　拖动渐变得到的效果

（11）可见，这时图像中有了一层红色透明的图层效果，这就是蒙板效果。进入"以蒙板模编辑"的同时，通道面板中也自动出现了一个"快速蒙板通道"，如图 5-41 所示。

图 5-41　蒙板效果及图层状态

（12）由此可见，快速蒙板和通道的相关联系。单击"通道"面板右边的黑色小三角，弹出"隐藏"菜单。"快速蒙板的选项"与"通道"面板在一起，可见蒙板与通道的联系，这就是为什么要在讲通道的同时也提到了蒙板问题，蒙板与通道的关系，它是不可缺少的部分。蒙板与通道一样也是黑到白 0～225 的色阶原理，是一种黑白之间的艺术。

（13）如果读者不喜欢这种淡红颜色的蒙板效果，除选择"快速蒙板选项"外，还可以双击快速蒙板通道或工具栏中的"以蒙板模式编辑"按钮，会出现一个"快速蒙板选项"对话框，如图 5-42 所示。在颜色选项组中可以选择喜欢的颜色，同时还可以设置合适的不透明度，这样可以清楚地观察底层图像的同时也要保持一定的遮罩区域。

图 5-42　快速蒙板选项　　　　　　图 5-43　被遮罩图像选区不消失，且保持不变

（14）单击工具栏中的"以标准模式编辑"按钮。系统会自动的生成径向渐变产生的未被遮罩的图像选区。进入标准模式编辑状态后，通道面板中的快速蒙板通道便自动的消失了，但遮罩图像选区不消失，且保持不变，如图5-43所示。这就是所谓的"快速蒙板"。也就是一个所谓的"临时的通道"。

（15）回到"图层"面板，选择"背景 副本"。保持选区不变的同时，按Delete键删除选区内的图像，效果及图层状态如图5-44所示。

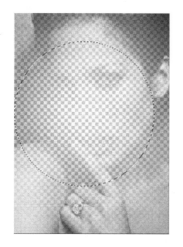

图5-44　删除选区内的图像效果及图层状态

（16）使"背景"图层可见，再更改"背景 副本"的图层混合模式为差值，使图像有一个聚焦感。得到的效果及图层状态如图5-45所示。

图5-45　差值模式效果及图层状态

（17）使所有图像可见，查看图像效果。这时，海报基本图像效果和感觉都大致出来了。为了达到一种带有诡异感的图像效果，可以把图像处理的亮些，可根据情况自行调节。下面进入深一步的调整，让画面变的透气点，现在画面有点压抑。此时，画面效果及图层状态如图 5-46 所示。

图 5-46　带有诡异感的图像效果及图层状态

（18）再次复制"背景"层并命名为"背景副本 2"，并且把其他图层隐藏起来，这样以便观察当前制作图像的效果，如图 5-47 所示。这次，要使图层更具有空间感。单击"快速蒙板"按钮。

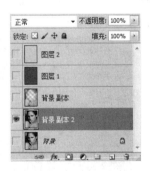

图 5-47　当前制作图像的效果及图层状态

（19）再次使用工具栏中的渐变工具，以径向渐变在距离制作者最近的眼部上拉出，达到从前景色白色到背景色黑色（从眼球中心到眼角）的渐变效果。这时，眼部为未被蒙板区域，其他部分为被蒙板区域，效果及图层状态如图 5-48 所示。

（20）单击"以蒙板模式编辑"按钮，弹出"快速蒙板选项"对话框，把"被蒙板区域"色彩指示更改为"所选区域"，快速蒙板选项设置如图 5-49 所示。

图 5-48　添加渐变后的效果及图层状态

图 5-49　快速蒙板选项设置

　　(21) 单击"确定"按钮,图像中的未被蒙板区域眼部变为被蒙板区域,其他区域也都变成了未被蒙板区域,应用设置后的效果及图层状态如图 5-50 所示。

图 5-50　应用设置后的效果及图层状态

（22）单击工具栏中的"以标准模式编辑"按钮，自动在眼部生成了一个图像选区，效果及图层状态如图 5-51 所示。

图 5-51　在眼部生成的图像选区及图层状态

（23）执行"反选"命令（按 Shift＋Ctrl＋I 键），得到的效果如图 5-52 所示。

（24）选择"背景副本 2"图层，按 Delete 键删除选区内图像，得到的效果及图层状态如图 5-53 所示。

（25）显示"背景"图像和"背景副本"并将"背景 副本 2"的图层混合模式更改为滤色。使图像有一个"中心"亮点，拉出前后的空间感，得到的效果及图层状态如图 5-54 所示。

（26）显示全部图层效果。这时，眼部位置的图像层次突出了，并呈现出了空间感。显示全部图层后的效果及图层状态如图 5-55 所示。

（27）选择一种合适的画笔，新建一个图层（图层 3）在画面中进行涂抹刻画。制作出带有划痕感的效果及图层状态如图 5-56 所示。

图 5-52　执行"反选"命令后的效果

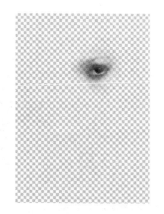

图 5-53　删除选区内图像后的效果及图层状态

图 5-54　滤色模式效果及图层状态

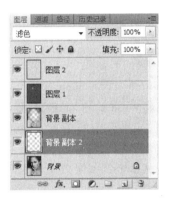

图 5-55　显示全部图层后的效果及图层状态

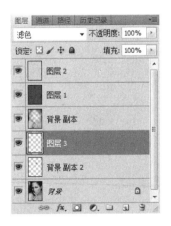

图 5-56　带有划痕感的效果及图层状态

（28）新建一个图层"图层 4"，选择一种斑驳的画笔调整到合适大小，直接用鼠标在画面中随意的涂抹，得到的效果及图层状态如图 5-57 所示。

图 5-57　画出斑驳痕迹的效果及图层状态

（29）新建一个图层"图层 5"，随意选择一种画笔只要调整到合适大小即可。然后直接用鼠标在画面中涂抹出大致的字形，效果图及图层状态如图 5-58 所示。

图 5-58　用鼠标在画面中涂抹出大致的字形后的效果及图层状态

（30）再次新建一个层"图层 6"，按 Ctrl＋Enter 键载入"图层 5"的文字选区，如图 5-59 所示。执行"选择"→"修改"→"扩展"命令，设置扩展选区为 18 像素，如图 5-60 所示。

图 5-59 "图层 5"的文字选区   图 5-60 扩展选区参数设置

(31) 执行"选择"→"羽化"命令,并设置羽化半径为 35 像素(可灵活设置)。保持选区不变,并将其填充,更改图层混合模式为变亮,拉出对比,得到效果及图层状态如图 5-61 所示。

图 5-61 变亮模式效果及图层状态

(32) 再次使用工具栏中的"文字工具",输入一行文字"carrie 2"。选择图层样式中的"描边工具",对刚才输入的文字进行描边处理,不透明度设置为 50%。这样,进行描边后,在改变了文字大小的同时,描边的粗细并不改变,也不会产生毛齿,不同于执行"编辑"→"描边"命令。描边设置如图 5-62 所示,文字描边后的效果及图层状态如图 5-63 所示。

(33) 为使画面构图饱满,再在页面的上部也输入一行文字,选择一种促斑驳的字体,效果及图层状态如图 5-64 所示。

(34) 最后进行全面的调整,最终完成的效果如图 5-30 所示。一张海报效果的图片就完成了。

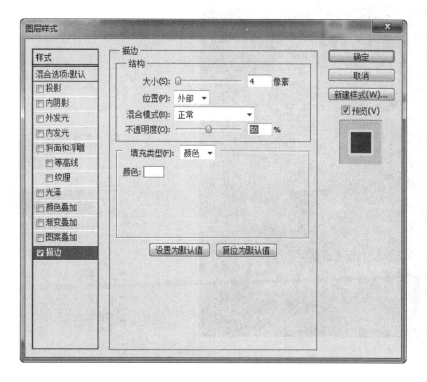

图 5-62 描边设置

图 5-63 文字描边后的效果及图层状态

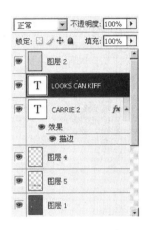

图 5-64　输入文字后的效果及图层状态

5.3.4　课堂讲解

快速蒙板

Photoshop CS5 提供了快速方便地制作临时蒙板的方法,可以对蒙板进行编辑。这种临时蒙板就叫作快速蒙板,其优点是可以同时看到蒙板和图像,并且几乎可以使用任何 Photoshop CS5 工具或滤镜修改蒙板,还可以制作一些特别精确而且富有创意的艺术选区效果。可以从选区开始,由画笔工具来添加或删除其中部分区域,或者能够在"快速蒙板模式"下,完整地创建蒙板。

单击工具箱中的"以快速蒙板模式编辑"按钮 ,如果此时图像中有活动选区,其内容不会变,但选区外都覆盖了一层半透明红色,如果没有选区,所有图像都覆盖一层半透明红色。任何时候都可以通过单击"通道"对话框中"快速蒙板层"前的眼睛图标 来隐藏该蒙板。在"通道"面板中,则可以双击其名字或缩略图来编辑快速蒙板的属性,然后能改变快速蒙板的不透明度和填充颜色。一旦完成快速蒙板初始化,就可以用任何涂画工具涂画了。灰色涂画的是选区的过渡区域,其效果和羽化相似。再次单击图像窗口左下方的按钮,蒙板就会从通道列表中移除并转变为选区。快速蒙板的目的就是用涂画工具涂画选区及其过渡区,而不要担心管理选区蒙板。通过这种方法,可以很方便地从图像中独立一个物体。

项目实训

实训 1　楼盘广告

实训要求：制作如图 5-65 所示的"花样年华"楼盘广告。

图 5-65　"花样年华"楼盘广告

操作步骤如下。

（1）执行"文件"→"新建"命令，在弹出的"新建"对话框的名称一栏中输入"楼盘"，设置宽度为 800 像素，高度为 600 像素，分辨率为 72 像素/英寸，模式为 RGB，背景内容为白色，单击"确定"按钮完成新建图像。

（2）新建一个图层，重新命名为"底框"，选取工具箱中的矩形选框工具，拖动鼠标，设置选区。设置前景色为♯912346，按 Alt＋Delete 键填充底框，填充底框后的效果如图 5-66 所示。

（3）打开素材文件"家具.jpg"。选择移动工具，将其移入楼盘文件中，把"家具"图层置于底框图层上。按 Ctrl＋T 键对文件进行适当缩放，移入家具之后的效果如图 5-67 所示。

图 5-66　填充底框后的效果

图 5-67　移入家具之后的效果

（4）新建一个图层,命名为"图案1"。选择钢笔工具,绘制一条斜三角图案,按Ctrl+Enter键转化为选区,设置前景色为♯912346,填充选区,得到的效果如图5-68所示。

（5）新建一个图层,命名为"图案2"。选择钢笔工具,绘制一条形状,按Ctrl+Enter键转化为选区,设置前景色为♯001C5C,填充选区,得到的效果图如图5-69所示。

图5-68　绘制并填充图案1后的效果图　　　　图5-69　绘制并填充图案2后的效果图

（6）打开素材文件中的"风景.jpg",将其移入恰当位置,把自动新增的图层命名为"风景"。将"风景"图层置于"家具"图层下,按Ctrl+T键进行适当缩放,然后返回到"家具"图层,单击图层面板中的"添加图层蒙板"按钮,对"家具"图层添加蒙板,选择"画笔工具",设置前景色为黑色,在窗部位涂抹,得到效果图如图5-70所示。

（7）新增图层命名为"微调",其位于家具图层和风景图层之间,设置前景色为♯1C5E5D。选择渐变工具,在"渐变编辑器"中选择从前景到透明的渐变,在其属性栏中选择"线形渐变",在画布上从上到下进行拖动,更改图层混合模式为柔光模式,得到的效果如图5-71所示,此时图层状态如图5-72所示。

图5-70　添加蒙板后的效果图　　　　　　图5-71　柔光模式效果图

（8）新建一个图层,用钢笔工具勾勒出路径,按Ctrl+Enter键转化为选区,并填充白色,得到的效果图如图5-73所示。

图 5-72　"微调"图层状态

图 5-73　绘制并填充新建图层选区后的效果图

（9）选择"横排文字工具"，选择字体为"华文中宋"，输入"洋房升级，为生活加冕"。选择字体为"方正舒体"，输入楼盘名称"花样年华"。其他文字如图 5-65 所示。

实训 2　公益广告

实训要求：制作公益广告要求寓意深刻、发人深省。本例制作一个以保护环境为主题的公益广告，如图 5-74 所示。

实训 3　汽车海报

实训要求：本案例用到的知识点多，是一个综合应用。用到了画笔工具、变形、调整图层、通道、形状工具、图层样式，最终效果图如图 5-75 所示。

图 5-74　以环保为主题的公益广告

图 5-75　汽车海报最终效果图

实训 4　动物园海报

实训要求：海报的制作并不难，关键在于构思，本例用到了图层样式、蒙板。本例是制作一个如图 5-76 所示的动物图海报。

操作步骤如下。

（1）新建一个图层，把它设置成长为 22cm，宽为 29cm，分辨率为 72 像素的空白图像，并把树木纹理的背景移入空白图像中，执行按 Ctrl+T 键调整素材的大小。

（2）由于树皮图片看起来比较苍白，因此执行"图像"→"调整"→"色彩平衡"命令，对树皮进行调整，设置色阶的参数为 20、−37、−23，选择中间调，保持明度。

（3）新建一个图层，选择矩形选框工具，在新建的图像上部拖拽出一个矩形选区，如图 5-77 所示。

图 5-76　动物园海报

设置前景色为黑色，选择渐变工具，设置填充方式为从前景到透明，同样在图像下部也进行同样的操作，得到的效果如图 5-78 所示。填充完毕，按 Ctrl+D 键取消选区。

图 5-77　矩形选区

图 5-78　从前景到透明填充的效果图

（4）再用曲线工具进行明暗调节，执行"图像"→"调整"→"曲线"命令，曲线参数设置如图 5-79 所示。

（5）设置前景为灰色。选择椭圆工具，选择形状图层模式，绘制一个圆形，选择"文字

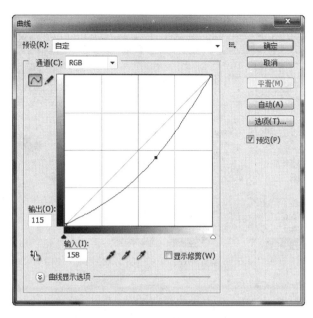

图 5-79 曲线参数设置

工具",设定好文字的大小、字体颜色。输入"ZOO",然后变形文字,变形后的文字效果如图 5-80 所示。

（6）新建一个图层。选中矩形选框工具,按住 Shift 键创建一个正方形,复制 3 个图层,给正方形添加图层蒙板,用渐变工具为正方形添加渐变效果,添加渐变效果后的效果如图 5-81 所示。

图 5-80 变形后的文字效果图

图 5-81 添加渐变效果后的效果图

（7）为文字添加图层样式,描边参数设置如图 5-82 所示,颜色叠加参数设置如图 5-83所示,内阴影参数设置如图 5-84 所示,投影的参数自行设置即可。

平面设计与动画制作案例教程(第2版)

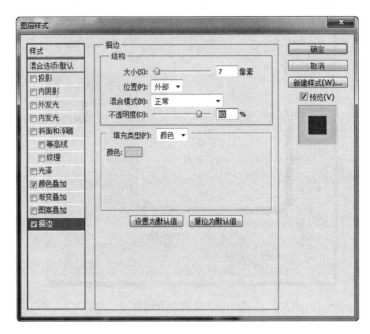

图 5-82　描边参数设置

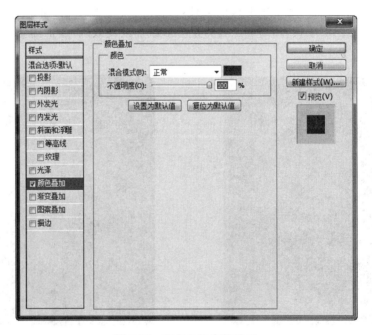

图 5-83　颜色叠加参数设置

(8) 将老虎移入,同时将其他图片移入,调整大小,添加蒙板,最终效果图如图 5-76 所示。

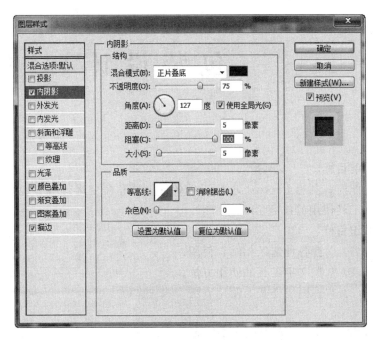

图 5-84   内阴影参数设置

思考与练习

一、单项选择题

1. 在 Photoshop CS5 中,可以用(   )方式创建蒙板。

   A. 使用"快速蒙板"模式创建和查看图像的临时蒙板

   B. 使用 Alpha 通道存储和载入选区用作蒙板

   C. 使用图层蒙板可以创建特定图层的蒙板

   D. 以上说法都正确

2. 下面对图层蒙板的描述正确的是(   )。

   A. 图层上的蒙板建立,暂时不用可按 Alt＋单击图层蒙板图标

   B. 当按住 Alt(Win)/Option(Mac)键时,单击"图层"面板中的蒙板图标,图像窗
      口中就会显示蒙板的内容

   C. 当图层上增加蒙板时,在通道面板中会形成一个 8 位灰阶的 Alpha 通道

   D. 在图层上建立的蒙板只能是白色的

二、操作题

1. 制作五一劳动节促销海报。

2. 制作香水广告。

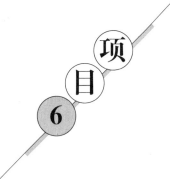

包 装 设 计

★技能目标

能熟练利用 Photoshop CS5 的各种工具和命令进行各种包装的设计,掌握各种工具使用的技巧。

★知识目标

(1) 掌握各种选区相结合使用。

(2) 掌握文字工具的使用方法。

(3) 掌握图层样式的使用方法。

任务6.1 苹果汁包装

本节知识要点:

(1) 存储选区。

(2) 载入选区。

(3) 自由钢笔工具。

(4) 路径选择工具。

6.1.1 案例简介

本例结合使用 Photoshop CS5 提供的各种选取工具建立不同的选区,并运用填充、自由变换、路径工具、图层样式等绘制苹果汁包装,在绘制苹果汁包装的过程中巧妙使用了"存储/载入选区"命令。

6.1.2 制作流程

设置参考线→填充渐变→绘制图标→添加图片→建立选区→绘制立体效果→设置明暗效果→调整色相/饱和度。

6.1.3 操作步骤

(1) 打开 Photoshop CS5,执行"文件"→"新建"命令,建一个宽度为21.6cm、高度为 21.2cm、名为"苹果汁.psd"的文件。

（2）执行"视图"→"新建参考线"命令，分别在水平位置 0.3cm、19.9cm，垂直位置 0.3cm、10.8cm、21.3cm 处建立参考线。

（3）选择渐变工具，建立如图 6-1 所示渐变。其中从左到右色标颜色分别为 RGB（208，28，114）、RGB（230，118，153）、RGB（245，154，177）。新建一个图层，按住 Shift 键的同时从下往上拖动鼠标，建立如图 6-2 所示填充效果。

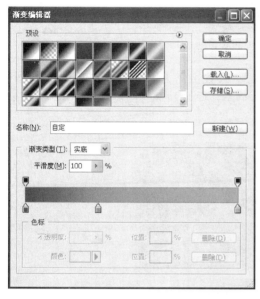

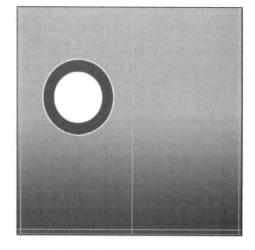

图 6-1 渐变   图 6-2 填充及描边后的效果图

（4）新建一个图层，选择椭圆选框工具，按 Alt＋Shift 键绘制一个圆形。设置前景色为 RGB（217，29，68），按 Alt＋Delete 键使用前景色填充，用同样方法绘制一个圆形，并使用白色填充。单击"图层"面板中的"添加图层样式"按钮 *fx*，选择描边，设置颜色为白色，大小为 3 像素，得到如图 6-2 所示描边效果。

（5）打开素材文件 apple.jpg，去除图片背景，将图片复制到文件中，效果如图 6-3 所示。

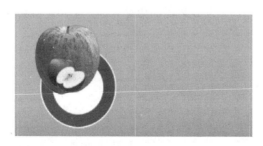

图 6-3 添加 apple.jpg 图片后的效果

（6）选择横排文字工具，输入"100％果汁"。设置字体为幼圆，颜色为黄色，大小为 14。单击"创建文字变形"按钮 *工*，在样式中选择"扇形"，设置弯曲值为－50，得到如图 6-4 所示的效果，具体参数可根据实际效果进行微调。

图 6-4　添加文字后的效果图 1

（7）选取横排文字工具输入"Apple Juice"。设置字体为 Harlow Solid Italic,大小为 20,颜色为黄色。单击"图层"面板中的"添加图层样式"按钮 **fx**,选择描边,设置颜色为白色,大小为 3 像素,得到如图 6-5 所示的效果。

图 6-5　添加文字后的效果图 2

（8）选取横排文字工具,输入"净含量:330ml",设置字体为微软雅黑,大小为 9,颜色为黑色;再输入"100％Juice",设置字体为华文宋体,大小为 14,颜色为白色;接着输入"田园",设置字体为方正舒体,大小为 20;颜色为黄色;最后输入"出品",设置字体为黑体,大小为 13,颜色为黑色。打开"质量安全.jpg"和"条形码.jpg"文件,复制图片,并调整位置。

（9）按住 Ctrl 键选中除背景、质量安全和条形码以外的所有图层,单击"图层"面板中的"链接图层"按钮 ∞ ,并将图层拖动到"创建新图层"按钮 🔲 上,移动到适当的位置。在中间的位置输入如下文字,并设置字体为黑体,大小为 10。得到如图 6-6 所示的包装平面效果。

苹果汁饮料

不含防腐剂

原料:鲜苹果

净含量:330ml

生产日期:09/3/6

保质期:12 个月

地址:浙江杭州

（10）单击文字"苹果汁饮料"图层和"质量安全"图层前的"指示图层可见性"按钮 👁 ,将图层隐藏。执行"文件"→"另存为"命令,将图片另存为"苹果汁.jpg"文件备用。

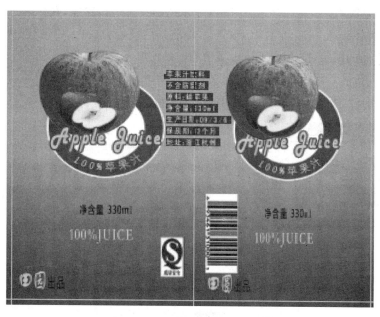

图 6-6　包装平面效果图

（11）执行"文件"→"新建"命令，新建一个宽度为 5cm，高度为 11cm，文件名为"听罐包装.psd"的文件。打开"包装.jgp"文件，将其复制到当前文件，如图 6-7 所示。

（12）单击磁性套索工具 ，建立如图 6-8 所示选区，执行"选择"→"存储选区"命令，在名称中输入"1"，单击"确定"按钮保存选区待用。

（13）打开"苹果汁.jpg"文件，单击矩形选框工具 ，拖动鼠标选取左边图形。单击移动工具 ，将选取的内容拖动到"听罐包装.psd"文件。执行"选择"→"载入选区"命令，将刚才保存的选区载入。执行"选择"→"反向"命令，按 Delete 键删除多余图形。

图 6-7　包装.jpg

图 6-8　建立选区

（14）选取钢笔工具 ✍ ，建立如图 6-9 所示路径。右击该路径，在弹出的快捷菜单中选择"建立选区"命令，在"羽化半径"中输入 3，将前景色设置为白色，单击"创建新图层"按钮 ◻ 创建一个新的图层，按 Alt＋Delete 键使用前景色填充选区。将该图层拖动到"创建新图层"按钮上，复制一个新的图层。重复此操作，再复制一个图层。调整位置，得到如图 6-10 所示的效果。合并这 3 个图层，在合并前选择"图层 2"，则合并后的图层名为"图层 2"。

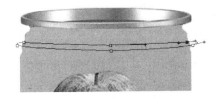

图 6-9　建立路径

图 6-10　复制图层并调整位置后的效果

（15）选择矩形选框工具 ◻ ，建立如图 6-11 所示的矩形选区，右击选区，在弹出的快捷菜单中选择"羽化"命令，设置半径为 50，按 Delete 键删除选取内容。

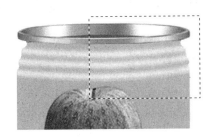

图 6-11　矩形选区

（16）选择椭圆选框工具 ◯ ，建立如图 6-12 所示的椭圆选区，单击"从选区减去"按钮 ◻ ，在刚才的椭圆选区上方位置拖动鼠标，调整后的选区如图 6-13 所示。

图 6-12　椭圆选区

图 6-13　调整后的选区

（17）将前景色设置为 RGB(191,13,98)，按 Alt＋Delete 键填充。使用橡皮擦工具擦除多余的填充。选择矩形选框工具 ◻ ，建立如图 6-14 所示的矩形选区。右击矩形选区，在弹出的快捷菜单中选择"羽化"命令，设置半径为 50，按 Delete 键删除选区内容。得到的最终效果如图 6-15 所示。

图 6-14 矩形选区

图 6-15 最终效果

（18）如果觉得颜色太平淡，可以执行"图像"→"调整"→"色相/饱和度"命令，设置色相为 123，饱和度为 100，明度为 −21，得到如图 6-16 所示的青苹果汁包装效果。或选取除中间图标以外的区域，执行"图像"→"调整"→"色相/饱和度"命令，设置色相为 4，饱和度为 100，明度为 −43，得到如图 6-17 所示调整参数后的青苹果汁包装效果。

图 6-16 青苹果汁包装效果

图 6-17 调整参数后的青苹果汁包装效果

6.1.4 课堂讲解

1. 自由钢笔工具

利用自由钢笔工具可以随意拖动鼠标绘图，鼠标经过的位置将自动添加生成路径和锚点。当鼠标移到起点时，光标右下角会出现一个小圆圈，此时释放鼠标便可封闭路径。完成路径后可以使用路径选择工具进一步对其进行调整。当选中自由钢笔工具时，会出现一个自由钢笔工具选项栏，如图 6-18 所示。

图 6-18　自由钢笔工具选项栏

图 6-19　"自由钢笔
选项"对话框

选中"磁性的"复选框后,自由钢笔工具会变为磁性钢笔工具。磁性钢笔是自由钢笔工具的一个选项,它可以绘制与图像中所定义区域的边缘对齐的路径,可以定义对齐方式的范围和灵敏度以及所绘路径的复杂程度。

磁性钢笔工具和磁性套索工具有很多相同的选项,可以跟踪图像中物体的边缘自动形成路径。单击下三角按钮,出现"自由钢笔选项"对话框,如图 6-19 所示。

(1)曲线拟合:控制拖动鼠标产生路径的灵敏度,取值范围是0.5~10,数值越大,形成的路径越简单,路径上的锚点也越少;反之数值越小,形成路径上的锚点越多,路径也就越贴合物体的边缘。

(2)宽度:用于定义磁性钢笔工具检索的距离范围。若输入 8,则磁性钢笔工具只寻找 8 像素距离之内的物体边缘。数值范围为 1~40。在绘制路径的过程中,可以通过按住键盘上的"("键减少磁性钢笔宽度,通过按住键盘上的")"键增加磁性钢笔宽度。

(3)对比:用来定义磁性钢笔工具对边缘的敏感程度。数值大,只能检索到与背景对比度非常大的物体边缘;数值小,就可以检索到低对比度的边缘,取值范围是1%~100%。

在移动鼠标的过程中,也可以手动增加锚点。如果想删除固定锚点或路径片段,直接按键盘上的 Delete 键即可;如果想结束路径,按 Enter 键,将以开放路径闭合,双击鼠标,将以磁性线段闭合;按住 Alt 键,将以直线段闭合。

2. 路径选择工具和直接选择工具

路径选择工具和直接选择工具位于同一个工具组,单击工具箱中的 按钮,在弹出的 菜单中,可以选择路径选择工具或直接选择工具。

(1)路径选择工具

路径选择工具 用于选择一个或几个路径并对其进行移动、组合、对齐、分布和变形。选择"路径选择工具",再选中已经绘制好的路径,会出现如图 6-20 所示的路径工具选项栏。

图 6-20　路径工具选项栏

在选项栏中选中"显示定界框"复选框后,在选中的路径四周会有一个虚线的定界框,类似"自由变换路径"命令,人们可以对选中一个或多个路径进行变形,使用鼠标在定界框外单击,路径选择工具的选项栏中将显示路径变形的信息,如图 6-21 所示。

图 6-21　路径变形的信息

若单击在 X、Y 之间的 △Y: 按钮,则 X、Y 的值表示的是路径的变化值。若未单击该按钮,则 X、Y 表示控制点所在位置的坐标值。若单击 W、H 之间的 ⊗H: 按钮,则 W、H 表示路径的宽和高等比例缩放。 △0.0 图标后面的值表示路径的旋转角度。H、V 后面的值分别表示路径水平方向和垂直方向的倾斜角度。

注意:这些工具的使用方法和图像变形的操作相似,当完成变形后,如果确认对路径的操作,按 Enter 键或选择选项栏后面的 ✔ 图标,放弃则选择 ⊘ 图标。

（2）直接选择工具

直接选择工具 ▷ 用于移动和调整路径上的一个或多个锚点和线段,使用"路径选择工具"单击路径后,所有锚点都以实心显示,表示选中整个路径;如果使用"直接选择工具"单击,则只有被选中的锚点以实心显示,如图 6-22 所示为选取右上角锚点。拖动该锚点可以改变其位置,如图 6-23 所示。

图 6-22　选取右上角锚点　　　图 6-23　拖动右上角锚点改变其位置后的效果

任务 6.2　软件包装设计

本节知识要点:
（1）参考线。
（2）形状工具。
（3）描边。
（4）斜切。

6.2.1　案例简介

本例综合运用了 Photoshop CS5 中的参考线、选取工具、填充命令、形状工具、描边工具等多种工具和命令。最后,巧妙运用了斜切命令使图形产生立体感,绘制了一个软件包装盒。

6.2.2 制作流程

设置参考线→绘制软件盒→绘制图案→输入文字→描边→斜切命令。

6.2.3 操作步骤

(1) 打开 Photoshop CS5,执行"文件"→"新建"命令,建一个名为"软件包装盒",宽度为 20cm,高度为 25cm 的文件。分别在 1cm、3cm、4cm、19cm 处拖出 4 条垂直参考线,在 1cm、24cm 处拖出两条水平参考线。

(2) 单击"创建新图层"按钮 ,新建一个图层,选择矩形选框工具 ,绘制矩形区域,执行"编辑"→"填充"命令,在"使用"选项组中选择"颜色",设置颜色为 RGB(147, 235,8),得到的效果图如图 6-24 所示。

图 6-24 绘制矩形并填充后的效果图

(3) 执行"图层"→"新建"→"通过拷贝的图层"命令,复制矩形,调整其位置,得到的效果如图 6-25 所示。

(4) 单击工具箱中的矩形选框工具按钮 ,建立矩形选框,单击工具箱中的椭圆选框工具按钮 ,单击工具栏中的"添加到选区"按钮 ,建立如图 6-26 所示的选区。

(5) 执行"编辑"→"填充"命令,在"使用"选项组中选择"颜色",设置颜色为 RGB (255,255,0)。单击"确定"按钮填充。

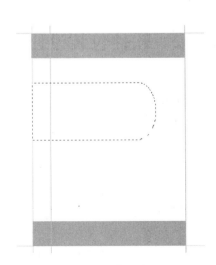

图 6-25 复制矩形并调整其位置后的效果   图 6-26 建立选区

（6）选择矩形工具 ▭，右击，在弹出的快捷菜单中选择自定形状工具 ⬚。单击选项栏中的下三角按钮 ▾，弹出下拉列表框，单击向右箭头按钮 ⊙，选择"全部"选项，选择枫叶形状 🍁。

（7）在黄色填充区域绘制两张枫叶，得到的效果如图 6-27 所示。

（8）设置前景色为 RGB(225,16,193)，选择自定形状工具中的"拼图 3"工具 ✖，绘制该形状。然后设置前景色为 RGB(16,80,225)，再次绘制该形状。选择"拼图 4"工具 ✖，分别设置前景色为 RGB(218,47,47)、RGB(56,255,0)和 RGB(153,97,97)，得到的效果如图 6-28 所示。

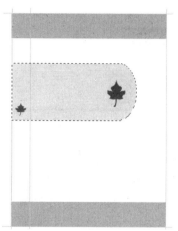

图 6-27　在黄色填充区域绘制两张枫叶后的效果　　　　图 6-28　绘制拼图形状后的效果

（9）选择文字工具 T，在顶部输入"方圆杀毒软件"，设置字体为黑体，大小为 30，颜色为白色；在底部输入文字"本产品已通过权威机构认证"，设置字体大小为 18；在白色区域左边输入"主动防御 即时升级"，设置字体颜色为黑色，大小为 24；右上角输入"2009"，设置字体为"华文彩云"，大小为 36，颜色为蓝色；在黄色区域输入"组合套装 方圆杀毒软件 2009 版 方圆个人防火墙 2009 版 方圆上网助手 2009 版"，设置字体颜色为白色，字体为黑体。其中，"组合套装"大小为 24，其余大小为 18。单击"添加图层样式"按钮 fx，选择"描边"，在弹出的"图层样式"对话框中设置大小为 2，颜色为黑色。在白色区域底部输入"建议零售价 RMB 168.00"，设置颜色为黄色，大小为 18。单击"添加图层样式"按钮 fx，选择"描边"，在弹出的"图层样式"对话框中设置大小为 2，颜色为黑色，得到的效果如图 6-29 所示。

（10）单击背景图层中"指示图层可见性"按钮 👁，隐藏背景图层，执行"图层"→"合并可见图层"命令。

（11）执行"视图"→"清除参考线"命令，单击矩形选框工具 ⬚ 选择左边矩形中的内容，执行"图层"→"新建"→"通过剪切的图层"命令，选取左边的矩形，执行"编辑"→"变换"→"斜切"命令，调整矩形左边的两个节点，得到的编辑矩形后的效果图如图 6-30 所示。单击"添加图层样式"按钮 fx，选择"描边"，设置颜色为黑色，大小为 3。

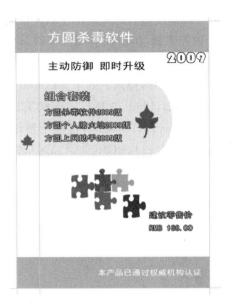

图 6-29 添加文字后的效果

(12)单击"背景"图层,用同样方法选择右边矩形,执行"图层"→"新建"→"通过剪切的图层"命令,执行"编辑"→"变换"→"斜切"命令,调整右边的两个节点,再单击"添加图层样式"按钮 ***fx***,选择"描边",设置颜色为黑色,大小为3,得到的最终效果如图 6-31 所示。

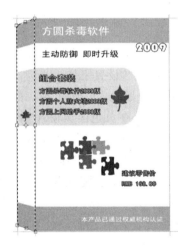

图 6-30 编辑矩形后的效果

图 6-31 最终效果

6.2.4 课堂讲解

形状工具

形状工具包括矩形工具、圆角矩形工具、椭圆工具、多边形工具、直线工具、自定形状

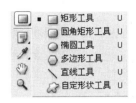

图 6-32　形状工具

工具 6 个矢量绘图工具，如图 6-32 所示。

（1）矩形工具

利用矩形工具可以绘制矩形或正方形的路径或形状。选择矩形工具，其选项栏如图 6-33 所示。单击选项栏中形状工具右侧的下三角按钮，将出现"矩形选项"对话框，如图 6-34 所示。

① 不受约束：当选择此项绘制矩形时，比例和大小不受约束。

图 6-33　矩形工具选项栏

② 方形：选择此项可绘制出正方形。

③ 固定大小：输入数值可以固定矩形的宽和高。

④ 比例：输入数值可以固定矩形宽和高的比例。

⑤ 从中心：由中心开始绘制矩形。

⑥ 对齐像素：使绘制矩形的边缘自动与像素边缘重合。

（2）圆角矩形工具和椭圆工具

图 6-34　"矩形选项"对话框

圆角矩形工具和椭圆工具可以绘制出圆角矩形、正圆和椭圆形的路径或形状。绘制方法与矩形基本相同，区别在于当选择圆角矩形时，选项栏中多了"半径"选项，用于设置圆角半径的设置。数值越大，所绘制矩形的 4 个角越圆滑。图 6-35 所示分别是圆角矩形半径为 0、10、50 和椭圆工具绘制的形状。

（3）多边形工具

利用多边形工具可以绘制正多边形。单击多边形工具选项栏中的下三角按钮，就会出现"多边形选项"对话框，如图 6-36 所示。

图 6-35　圆角矩形半径为 0、10、50 和椭圆工具绘制的形状

图 6-36　"多边形选项"对话框

① 半径：设置多边形的半径。输入数值后，在画面上单击并轻轻拖动，即可绘制出多边形。

② 平滑拐角：勾选此复选框，绘制出来的多边形具有平滑的角点。

③ 星形：勾选此复选框，绘制出来的多边形向中心缩进呈星形，缩进的程度由其下面的缩进边依据文本框来决定。

④ 平滑缩进：勾选此复选框,多边形的边平滑地向中心缩进。

图 6-37、图 6-38、图 6-39、图 6-40 为设置不同参数:半径为 3,边为 5 的多边形形状。

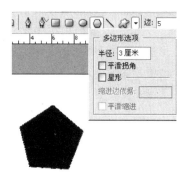

图 6-37　五边形

图 6-38　星形

图 6-39　平滑缩进

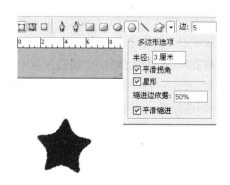

图 6-40　平滑拐角

（4）直线工具

利用直线工具可以绘制出直线和箭头的形状和路径。单击形状工具的下三角按钮,选择直线工具 ＼ ,会出现直线工具的选项栏,如图 6-41 所示。单击"自定形状"后的箭头,弹出如图 6-42 所示的"直线选项"对话框。

图 6-41　直线工具选项栏

① 起点:线段起始端点添加箭头。

② 终点:线段终点添加箭头。

③ 宽度:箭头宽度和线段宽度的比值,输入范围为 10%～1000%。

④ 长度:箭头长度和线段宽度的比值,输入范围为 10%～5000%。

⑤ 凹度:定义箭头的凹陷程度,输入范围为 -50%～50%。

图 6-42　"直线选项"
对话框

（5）自定形状工具

利用自定形状工具可以绘制一些不规则的形状或自定义的形状。单击形状工具的下三角按钮，选择自定形状工具，出现自定形状工具栏选项栏，如图 6-43 所示。单击选项栏中的"自定形状工具"后的下三角按钮，弹出如图 6-44 所示的"自定形状选项"对话框。

图 6-43　自定形状工具栏选项栏

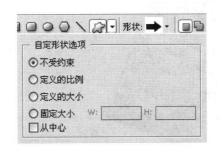

图 6-44　"自定形状选项"对话框

自定形状工具的选项与矩形工具选项作用基本相同。

在选项栏中单击"形状"下三角按钮，打开下拉菜单，有各种预设的形状可供选择。

任务 6.3　山核桃包装

本节知识要点：

（1）路径工具。

（2）渐变工具。

（3）图层样式。

6.3.1　案例简介

本例采用 Photoshop CS5 中提供的各种工具进行山核桃包装的设计，最终效果如图 6-45 所示。

6.3.2　制作流程

创建包装袋图案→使用文字工具创建字样→使用渐变填充设置包装袋边缘效果→制作包装袋效果。

6.3.3　操作步骤

（1）打开 Photoshop CS5，新建一个文件，命名为"包装袋"。执行"视图"→"标尺"命令，单击移动工具 ，将鼠标放置在水平标尺上拖动，在图像上半部新建一条水平参考线，用同样方法创建一条垂直参考线，创建参考线后的效果图如图 6-46 所示。

图 6-45　最终效果　　　　　　　　　　　图 6-46　创建参考线后的效果图

（2）新建一个图层，命名为"外圈"。单击矩形选框工具 ，在弹出的菜单中选择椭圆选框工具 。将光标放置在两条参考线的交叉点处，按住 Shift＋Alt 键的同时拖动鼠标，绘制圆形。设置前景色如图 6-47 所示，执行"编辑"→"填充"命令，使用前景色填充，填充颜色如图 6-47 所示。使用同样的方法，绘制一个略小的圆形，按 Delete 键删除图形内的部分，得到的外圈效果如图 6-48 所示。

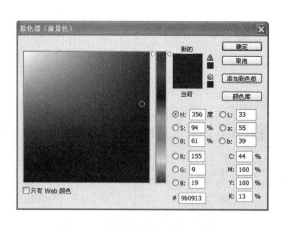

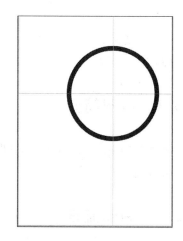

图 6-47　设置前景色及填充颜色　　　　　　　图 6-48　外圈效果

（3）新建两个图层，命名为"中圈"和"内圈"，用同样方法得到如图 6-49 所示的中圈和内圈效果图。

（4）单击矩形选框工具按钮 ⬚，在内圆中心选取矩形选区。执行"编辑"→"填充"命令，使用前景色填充，用同样方法建立选区，并使用前景色填充，得到如图 6-50 所示的添加横线后的效果。

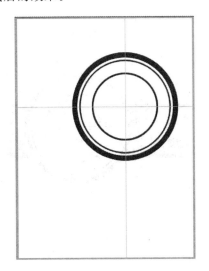

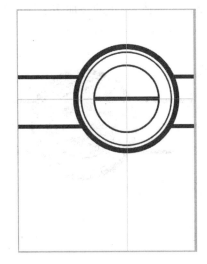

图 6-49　中圈和内圈效果　　　　　　　图 6-50　添加横线后的效果

（5）执行"文件"→"打开"命令，打开"山核桃.jpg"文件。单击移动工具 ▶⊕，将"山核桃.jpg"拖动到"包装袋"文件。调整图层，将图层放在背景图层之上，将图层命名为"山核桃"。按 Ctrl＋T 键将图形缩小，得到的效果如图 6-51 所示。

（6）单击椭圆选框工具，单击"内圈"图层，使用魔棒工具选取椭圆选区，如图 6-52 所示。单击矩形选框工具 ▣，选择"从选区减去"选项，拖动鼠标，在椭圆下半部分选取矩形，得到如图 6-53 所示的选区。

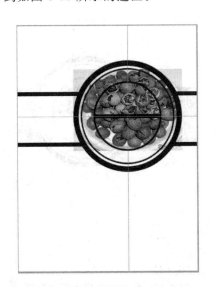

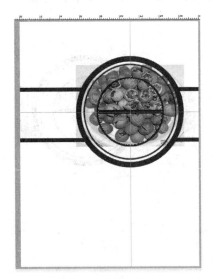

图 6-51　调整图形大小后的效果　　　　　图 6-52　选取椭圆选区

(7) 执行"文件"→"打开"命令,打开"山水.jpg"文件,使用与步骤(5)相同的方法,将多余图像删除。单击"山核桃"图层,选中该图层,执行"选择"→"反向"命令,按 Delete 键将多余图像删除。单击横排文字工具 T,在内圈下半圆上输入"山核桃",设置字体大小为 30,字体为黑体,得到的添加文字后的效果如图 6-54 所示。

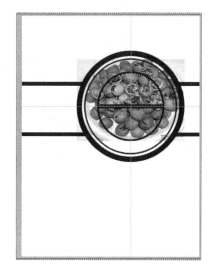

图 6-53　矩形选区　　　　　　　　　　图 6-54　添加文字后的效果

(8) 使用椭圆选框工具创建选区,使用前景色填充,得到如图 6-55 所示的效果。创建一个新的图层,参照制作 adidas 标志的方法,绘制 3 条横线,如图 6-56 所示,选定该图层,执行"图层"→"新建"→"通过拷贝的图层"命令,执行"编辑"→"变换"→"水平翻转"命令将其翻转。单击横排文字工具 T,输入文字"手剥",设置字体大小为 18,颜色为白色,调整位置,得到如图 6-57 所示的效果。

图 6-55　添加圆形后的效果　　　　　　图 6-56　添加 3 条横线后的效果

（9）单击横排文字工具 T ，绘制圆形路径。将光标放置在路径上，输入文字"LIN AN TE CHAN XI LIE SHI PIN CHANG"，设置字体大小为 20，颜色为前景色，调整位置，得到如图 6-58 所示添加英文后的效果。

图 6-57　输入文字"手剥"后的效果　　　　图 6-58　添加英文后的效果

（10）使用与步骤（9）相同的方法，单击横排文字工具 T ，绘制圆形路径。将光标放置在路径上，输入文字"临安特产系列食品"，设置字体大小为 20，颜色为前景色，调整位置，得到如图 6-59 所示的添加生产地后的效果。

（11）使用与步骤（2）相同的方法，绘制 4 个小圆圈，得到的绘制 4 个小圆圈后的效果图如图 6-60 所示。

图 6-59　添加生产地后的效果　　　　图 6-60　绘制 4 个小圆圈后的效果

（12）使用钢笔工具 ✐ 绘制如图 6-61 所示的路径。右击该路径，弹出如图 6-62 所示的快捷菜单,选择"建立选区"命令,设置羽化半径为 0。执行"选择"→"反向"命令,选择"背景"图层,新建一个图层,命名为"绿色",设置前景色颜色为绿色,如图 6-63 所示。执行"编辑"→"填充"命令,使用前景色进行填充,得到如图 6-64 所示的效果。

图 6-61　绘制路径　　　　　　　　图 6-62　建立选区

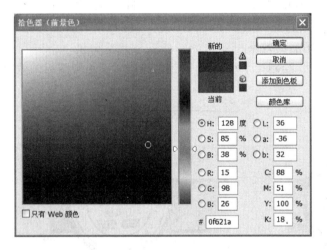

图 6-63　设置前景色后　　　　　　　图 6-64　填充效果

(13) 参照步骤(5)的方法,分别将"质量许可.jpg"、"珍品.jpg"、"知名品牌.jpg"图片添加到文件中来,并将图层放置在所有图层的上面,分别双击"珍品.jpg"、"知名品牌.jpg"图层,设置描边效果如图 6-65 所示,描边颜色设置为红色,即 RGB(155,9,19),得到如图 6-66 所示的效果图。

(14) 使用横排文字工具输入文字"净含量: 250 克"。设置文字字体为宋体,字体大小为 18。输入文字"绿色环保,健康生活",字体为华文行楷,设置描边效果为白色,其余参数为默认值。输入文字"奶油",设置字体为华文行楷,字体大小为 48,设置描边效果为

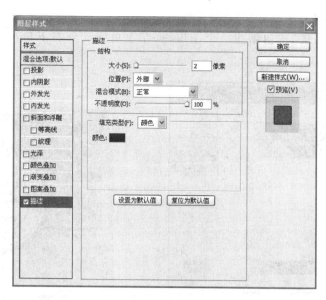

图 6-65　设置描边效果

白色,描边大小为 3 像素,其余参数为默认值。输入文字"临安市山里人家炒货厂",设置字体为黑体,字体大小为 24。输入文字"LIN AN TE CHAN XI LIE SHI PIN CHANG",设置字体为黑体,字体大小为 14。

(15) 单击选中最上面的图层,按住 Shift 键的同时单击选中"背景"图层上面的一个图层(此步骤选中除了背景图层以外的所有图层),如图 6-67 所示,右击,在弹出的快捷菜单中选择"链接图层"命令。

图 6-66　设置描边效果后的效果

图 6-67　链接图层

(16) 将"绿色"图层中的白色部分设置为灰色,即 RGB(162,153,158)。按 Ctrl+T 键缩放除了背景图层以外的所有图层,设置宽度为 95,高度为 97。

(17) 单击"渐变工具"按钮,设置"灰白→灰→白灰"的渐变颜色,灰色值为 GRB(87,

95,95),白色值为 RGB(255,255,255),如图 6-68 所示。单击"图层"面板,选择"背景"图层,单击"创建新图层"按钮新建一个图层,从左上角拖动到右下角,填充渐变,效果如图 6-69 所示。

图 6-68　渐变颜色设置

图 6-69　填充渐变后的效果

（18）选择"山水"图层,执行"图像"→"调整"→"色相/饱和度"命令,勾选"着色"复选框,设置参数如图 6-70 所示。

图 6-70　色相/饱和度参数设置

（19）执行"视图"→"清除参考线"命令,得到包装袋平面效果图,如图 6-71 所示。执行"文件"→"存储为"命令,设置文件名为"包装袋",文件格式为 JPEG,采用默认参数,单击"确定"按钮。

（20）执行"文件"→"新建"命令创建一个新的文件,命名为"效果图.psd"设置宽度为 1440 像素,高度为 900 像素,执行"文件"→"打开"命令,将"包装袋.jpg"打开,使用"移动工具" ▶⊕ 将包装袋拖动到"效果图.psd"文件中。

(21) 选择钢笔工具,绘制路径,如图 6-72 所示。右击该路径,在弹出的快捷菜单中选择"建立选区"命令,单击画笔工具,设置大小为 89 像素,不透明度为 12%,设置前景色为白色,使用画笔在选区边缘涂抹,得到如图 6-73 所示的效果。

图 6-71　包装袋平面效果

图 6-72　绘制路径

(22) 使用与步骤(21)同样的方法得到包装袋背面平面效果,如图 6-74 所示。将背面和正面放在一起,如图 6-75 所示。

图 6-73　涂抹后的效果

图 6-74　包装袋背面平面效果

(23) 分别对包装袋正面和包装袋背面执行"变换"→"旋转"命令,得到的最终效果如图 6-45 所示。

图 6-75　正面和背面

6.3.4　课堂讲解

历史记录

历史记录自动记录对图像的每一步操作,并在"历史记录"面板中显示出来,使用历史记录可以记录和恢复已操作的步骤,帮助用户恢复到操作过程中的任何一步状态,随意回到历史记录所记录的状态中,并回到当前状态继续工作。

历史记录可以记录最近 20 次的操作,当历史记录超过 20 次时,后面的记录会取代前面的记录。但历史记录不能记录面板的变化、颜色的变化和参数的设置情况。

打开一幅图片,执行"窗口"→"历史记录"命令,弹出"历史记录"面板,如图 6-76 所示。

对图像所进行的每一个操作都会在历史记录区新增一条记录,最新的状态位于最底端。每一个状态的命名都是以所使用的工具或命令来命名的。如图 6-76 所示,当打开图片"芒果茶壶.jgp"时,历史记录面板就自动建立一条新记录"打开"。

图 6-76　"历史记录"面板

(1)"从当前状态创建新文档"按钮 。

将从图像的当前状态建立新的图像文档,通过这个功能比较图像处理前后的变化情况或保存当前状态的图像备份。如对图 6-77 左图使用该按钮将得到图 6-77 中右图所示的文档。

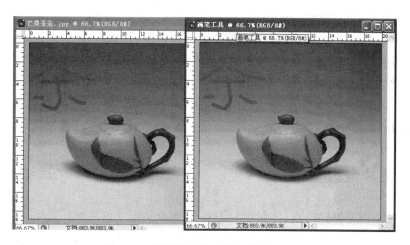

图 6-77　图像处理前后的变化情况比较

（2）"创建新快照"按钮 ⬜️。

为当前的图像状态建立一个新的快照，快照将定义好的图像状态暂存在内存中，作为恢复图像的样本。可以为关键操作建立快照，防止在超过 20 个步骤后，以前的状态被自动删除。单击"创建新快照"按钮 ⬜️，弹出"新建快照"对话框，如图 6-78 所示。在"名称"中输入快照名称，在"自"下拉列表框中可以选择快照的来源，"全文档"表示对整个图像文件进行快照；"合并的图层"表示将目前的文件图层合并之后设定为快照；"当前图层"表示对当前使用的图层进行快照。对图 6-79 新建快照后如图 6-80 所示。如果需要恢复到"快照 1"状态，只需单击"快照 1"就可以了。

图 6-78　"新建快照"对话框

图 6-79　新建快照前的历史记录

图 6-80　新建快照后的历史记录

(3)"删除当前状态"按钮 🗑 。

单击"删除当前状态"按钮 🗑 ,可以删除选中的快照或删除选中的中间状态图像。如果要删除"历史记录"面板的某个状态,首先应该选中该状态,再单击"删除当前状态"按钮 🗑 ,删除该状态则该状态其后的所有状态会一并被删除。

项目实训

实训 1　薯片包装

实训要求:根据提供的素材,制作如图 6-81 所示的薯片包装图。

图 6-81　薯片包装图

操作步骤如下。

(1) 打开 Photoshop CS5,执行"文件"→"打开"命令,打开 back.jpg 图片,将其作为背景。

(2) 创建一个新的图层"图层 1",使用"椭圆选框工具"建立如图 6-82 所示选区,使用白色进行填充,单击"添加图层样式"按钮,勾选"投影"选项,设置角度为一122。其余参数不变。

(3) 新建一个图层"图层 2",将其放置在"图层 1"下面,执行"选择"→"修改"→"扩展"命令,在扩展量中输入 10 像素,使用白色进行填充。

(4) 新建一个图层"图层 3",使用矩形选框工具与椭圆选框工具选取瓶盖,即如图 6-83 所示选区。选择渐变工具,设置渐变参数如图 6-84 所示,填充选区。

图 6-82　椭圆选区

图 6-83　瓶盖选区

(5) 设置渐变参数如图 6-85 所示,新建一个图层"图层 4",将图层放置在"背景"图层之上及其他图层之下,建立矩形选区,使用渐变填充,得到如图 6-86 所示的效果。

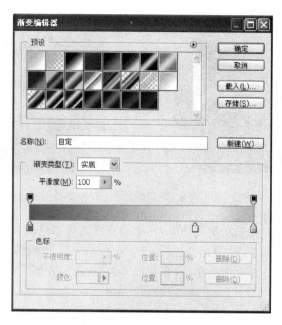

图 6-84　设置渐变参数

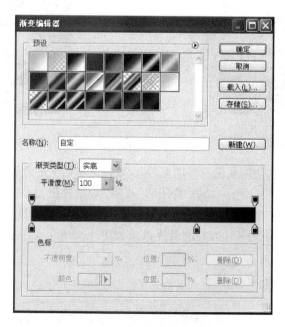

图 6-85　重新设置渐变参数

（6）切换到"通道"面板并新建通道"Alpha 1"，执行"滤镜"→"渲染"→"云彩"命令，然后执行"滤镜"→"扭曲"→"旋转扭曲"命令，设置角度为 939°，制作漩涡图像，使用"魔棒工具"选取图像的白色漩涡部分。切换回到"图层"面板，新建图层并使用浅红色进行填充。使用高斯模糊滤镜进行模糊，执行"编辑"→"自由变换"命令，得到如图 6-87 所示的效果。

图 6-86　填充渐变后的效果　　　　　　图 6-87　漩涡效果图

（7）打开 cm.jpg 并将其复制文件中，使用橡皮擦去掉白色的背景，打开 sp.jpg 图片，复制 3 个副本，执行"编辑"→"自由变换"命令，调整其位置，得到如图 6-88 所示的效果。

（8）输入文字，并设置文字大小，得到如图 6-89 所示的效果。

图 6-88　调整薯片的位置后的效果　　　　图 6-89　添加文字并设置文字大小后的效果

（9）绘制杯底形状，使用灰色进行填充，并设置投影和内阴影效果，勾选"投影"选项，设置角度为−122°，其余参数不变；勾选"内阴影"选项，设置角度为−122°，其余参数不变。

（10）合并除"背景"以外的图层，设置投影效果，设置不透明度为 64，角度为 127°，距离为 69，扩展为 16，大小为 46，得到的最终效果如图 6-81 所示。

实训 2　芒果干包装

实训要求：根据提供的素材，制作如图 6-90 所示的芒果干包装效果图。

操作步骤如下。

（1）打开 Photoshop CS5，执行"文件"→"新建"命令，建一个名为"食品包装盒"、宽度为 45cm、高度为 47cm 的文件。选择移动工具，分别在 5cm、7.5cm、9cm、10.5cm、34cm、37cm、38cm、40cm 处添加 8 条垂直参考线，在 5cm、6cm、10cm、24cm、43cm、44cm 处添加 6 条水平参考线。选择"钢笔工具" 🖋，设置前景色为绿色(RGB(27,128,11))，绘制出如图 6-91 所示的形状。

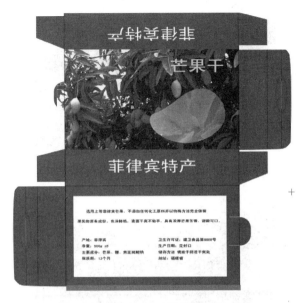

图 6-90　芒果干包装效果图

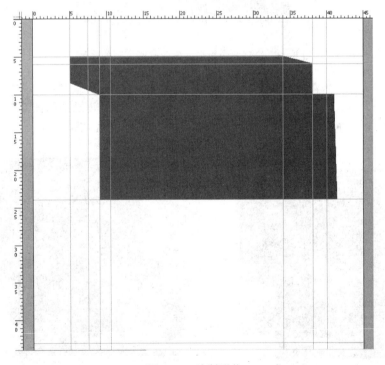

图 6-91　绘制形状

（2）选择转换点工具 ⌐ ，将形状调整为如图 6-92 所示。

（3）选择圆角矩形工具 ▢ ，绘制如图 6-93 所示的圆角矩形，并将"形状 1"和"形状 2"图层合并。执行"图层"→"栅格化"→"形状"命令，将形状栅格化。并利用矩形选框工具选取图 6-93 中红圈标示的区域，将其删除。

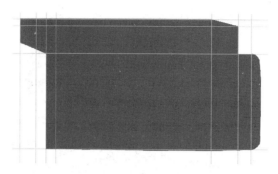

图 6-92　形状调整后的效果

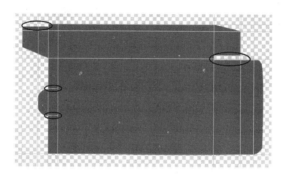

图 6-93　绘制圆角矩形并删除红圈标示的区域

（4）选择魔棒工具 ，将图层中的内容全选，按 Ctrl+C 键复制，按 Ctrl+V 键粘贴。执行"编辑"→"变换"→"水平翻转"命令，并调整位置，得到的效果图如图 6-94 所示。

（5）使用魔棒工具 和矩形选框工具 ，建立如图 6-95 所示选区。

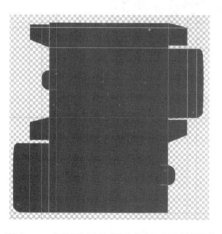 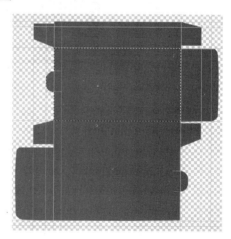

图 6-94　复制选区并调整位置后的效果图　图 6-95　使用"魔棒工具"和"矩形选框工具"建立选区

（6）打开"芒果树.jpg"文件，并切换到"食品包装.psd"文件。选择矩形选框工具 ，设置工具栏选项"新选区" 。将刚才创建的选区拖动到"芒果树.jpg"文件中，使选区的右边与图像右边对齐。单击工具箱中的"移动工具" ，将选区的内容拖动到"食品包装.jpg"文件中,调整位置,得到的效果如图 6-96 所示。

(7) 打开"芒果.jpg"文件,选择魔棒工具 ⬚,在白色区域单击,执行"选择"→"反向"命令。单击矩形选框工具按钮 ⬚,将选区拖动到"食品包装.psd"文件中,调整位置。单击"创建新图层"按钮 ⬚ 创建"图层 3"。执行"编辑"→"填充"命令,使用白色填充选区,并将不透明度调整为 40%。

(8) 执行"滤镜"→"艺术效果"→"塑料包装"命令,设置高光强度为 7,细节为 15,平滑度为 15。单击"图层 2",按 Delete 键删除芒果型区域。同样单击"图层 1",按 Delete 键删除芒果型区域。选定"图层 2",选择矩形选框工具 ⬚,打开"芒果干.jpg"文件,回到"食品包装.psd"文件,拖动选区到"芒果干.jpg"文件,在该文件中选择移动工具 ⬚,将图片拖动到"食品包装.psd"文件,得到如图 6-97 所示效果。

图 6-96　拖动选区并调整其位置后的效果　　　　图 6-97　拖动芒果选区

(9) 使用单行选框工具 ⬚ 与矩形选框工具 ⬚ 将需要折叠处选中,执行"编辑"→"填充"命令使用黑色进行填充。然后执行"视图"→"清除参考线"命令。选择文字工具,输入"芒果干",设置字体颜色为黄色,大小为 60,加粗。输入"菲律宾特产",设置字体大小为 60,颜色为白色。复制该字体,并粘贴,移动到相应位置,执行"编辑"→"变换"→"垂直翻转"命令,再执行"编辑"→"变换"→"水平翻转"命令。选择矩形选框工具 ⬚,在包装的下部拖出一个矩形区域,执行"编辑"→"填充"命令,使用白色进行填充,并在白色区域输入如下文字。

选用上等菲律宾芒果,不添加任何化工原料并以特殊方法完全保留果实的原有成分。色泽鲜艳,表面干爽不黏手,具有浓厚芒果芳香,甜酸可口。

产地:菲律宾　　　　　　　　　　卫生许可证:建卫食品第 8888 号

净重:500g ＋5　　　　　　　　　生产日期:见封口

主要成分:芒果、糖、焦亚硫酸钠　　储存方法:请放于阴凉干爽处

保质期:12 个月　　　　　　　　　地址:福建省

设置字体颜色为黑色,大小为 14。得到的效果如图 6-90 所示。

（10）在包装底部,使用矩形选框工具 ,添加矩形区域,并使用灰色进行填充,此处为粘贴胶水的位置。然后,使用单列选框工具 与矩形选框工具 将插口(图 6-97中红色圆圈区域)处删除,则包装盒制作完成。最终效果图如图 6-97 所示。只需将包装纸的黑线部位折叠,将灰色区域与上部粘贴在一起即可。

实训 3　环保袋

实训要求:利用 Photoshop CS5 选区工具、颜色填充工具及图层样式功能制作如图 6-98所示环保袋效果图。

操作步骤如下。

（1）打开 Photoshop CS5,执行"文件"→"新建"命令,建一个宽度和高度都为 800cm 的文件。

（2）在工具箱中单击"设置前景色"按钮 ,在弹出的"拾色器(前景色)"对话框中,设置颜色为 RGB(116,218,232)。单击工具箱中的套索工具 ,创建选区。执行"编辑"→"填充"命令,使用前景色进行填充,得到的效果如图 6-99 所示。执行"选择"→"存储选区"命令,在名称中输入"1"。

（3）单击"背景"图层,单击"创建新图层"按钮 ,新建一个图层,得到一个新的图层"图层 2"。

（4）设置前景色为黑色(RGB(23,25,24))。选择套索工具,建立如图 6-100 所示带子选区。执行"编辑"→"填充"命令,使用前景色填充。执行"选择"→"存储选区"命令,在名称中输入"2"。

图 6-98　环保袋效果图

图 6-99　创建选区并进行填充后的效果

图 6-100　带子选区

（5）单击"图层 1",单击"创建新图层"按钮 ,创建一个新的图层"图层 3"。执行"选择"→"载入选区"命令,在名称中输入"1"。载入刚才保存的袋子选区,如图 6-101 所示。单击工具箱中的椭圆选框工具,单击"从选区减去"按钮 。在选区的上部拖动鼠标,减去部分选区,注意袋角上的选区应保持一致,从而使袋子更有真实感。如图 6-102 所示,将前景色设置为 RGB(87,200,217)。执行"编辑"→"填充"命令,使用前景色填充。

图 6-101　载入袋子选区　　　　　图 6-102　减去部分选区

（6）单击"图层 1"，单击"创建新图层"按钮 ▣，创建一个新的图层"图层 4"。执行"选择"→"载入选区"命令，在名称中输入"2"。载入刚才保存的带子选区，如图 6-103 所示。单击"图层"面板中"图层 1"的"指示图层可见性"按钮 ◉，隐藏"图层 1"。使用工具箱中的椭圆选框工具 ◯ 和矩形选框工具 ▢，单击"添加到选区"按钮 ▣，添加部分选区，如图 6-104 所示。设置前景色为 RGB(23,25,24)，执行"编辑"→"填充"命令，使用前景色填充。

（7）单击"图层 3"，单击"添加图层样式"按钮 ▣，弹出"图层样式"对话框，勾选"描边"选项，设置大小为 1，颜色为 RGB(36,166,186)。

（8）单击"创建新图层"按钮，创建一个新的"图层 5"。执行"文件"→"打开"命令，打开图片 hj.jpg。单击工具箱中的移动工具按钮 ▸⊕，将图片拖动到"图层 5"上。按 Ctrl＋T 键调整"图层 5"的大小，双击应用自由变换。右击"图层 5"，在弹出的快捷菜单中选择"混合选项"，在混合模式中选择"变亮"，如图 6-105 所示。

图 6-103　载入带子选区　　　　图 6-104　添加部分选区　　　　图 6-105　调整"图层 5"的大小

（9）分别单击"图层 5"和"图层 3"，执行"滤镜"→"纹理"→"纹理化"命令，设置纹理为粗麻布，缩放大小为 50%，得到的最终效果如图 6-98 所示，一个环保袋就制作完成了。

实训 4　酒瓶

实训要求：根据提供的素材，制作如图 6-106 所示的酒瓶。

操作步骤如下。

(1) 打开 Photoshop CS5，执行"文件"→"新建"命令，建一个名为"酒瓶"的文件。设置其高度为 600 像素，宽度为 600 像素。单击"创建新图层"按钮 🔲，创建一个新的图层。选择"钢笔工具"，设置工具栏选项为"路径" 🔳 ，创建半个红酒瓶形状，调整后的效果如图 6-107 所示。

图 6-106　酒瓶

图 6-107　绘制酒瓶形状路径

(2) 执行"窗口"→"路径"命令，弹出"路径"对话框，右击"路径"，选择"建立选区"命令。回到"图层"面板，执行"选择"→"反向"命令，"编辑"→"填充"命令，使用黑色填充。

(3) 执行"图层"→"新建"→"通过拷贝的图层"命令，执行"编辑"→"变换"→"水平翻转"命令。选取移动工具 ▶⊕ ，移动图层内容。单击"背景"图层的"指示图层可见性"按钮 👁 ，隐藏"背景"图层。右击"图层 1"，在弹出的快捷菜单中选择"合并可见图层"命令，得到如图 6-108 所示的酒瓶形状。

(4) 建立新图层选择矩形选框工具选取如图 6-109 所示选区。选择渐变工具 🔳 ，设置渐变参数如图 6-110 所示。在矩形选区中拖动，得到填充渐变后的效果如图 6-111 所示。执行"图像"→"调整"→"色彩平衡"命令，设置色阶为 RGB(90,0,0)。

图 6-108　酒瓶形状

图 6-109　建立选区

图 6-110　设置渐变参数

图 6-111　填充渐变后的效果

（5）新建一个图层，使用同样方法填充渐变并调整色彩平衡，选取如图 6-112 所示选区，填充为黑色得到阴影效果。

（6）选择矩形选框工具，选取矩形选区，执行"图像"→"调整"→"色彩平衡"命令，设置色阶为 RGB(0,0,−100)。

（7）选取涂抹工具 ，涂抹瓶盖边缘，使其具有立体感。新建图层，选择矩形选框工具，建立矩形选区。选取渐变工具，设置渐变参数如图 6-113 所示，并选取不同的区域。执行"图像"→"调整"→"亮度/对比度"命令，调整不同的亮度，得到如图 6-114 所示的效果。

图 6-112　绘制阴影

图 6-113　设置渐变参数

图 6-114　调整亮度/对比度后的效果

(8) 新建图层,建立矩形选区,设置前景色为淡紫色,即 RGB(99,86,177),使用前景色填充,设置不透明度为 40%。使用橡皮擦工具涂抹出边的效果。执行"图像"→"调整"→"亮度/对比度"命令,设置亮度为 75,得到的效果图如图 6-115 所示。

(9) 新建一个图层,选择矩形选框工具,建立矩形选框,设置前景色为灰色,即 RGB(145,149,116)。执行"编辑"→"填充"命令,使用前景色填充,选择自定形状工具,选择形状工具 ～ 绘制形状四周。

图 6-115 设置亮度/对比度后的效果图

图 6-116 标签

(10) 输入"法国干红葡萄酒"、"1990"、"浙江食品粮油公司(集团)葡萄酒有限公司"的字样,并设置合适的字体大小。打开图片"葡萄.jpg"文件,复制图片到矩形选框的适当位置,在图层窗口右击复制的图层,选择"混合选项",在混合模式中选择变暗,合并图层,得到如图 6-116 所示的标签。

(11) 将标签所在的图层置于最上层,选择标签所在的图层,执行"编辑"→"变形"命令,对标签进行变形,使其具有立体感,得到的效果如图 6-117 所示。

(12) 用同样方法设置图像右边高光区域。再执行"图层"→"图层样式"→"投影"命令,设置不透明度为 38,角度为 158°,距离为 10,扩展为 14,大小为 51。勾选"斜面和浮雕"选项,设置深度为 317,大小为 250,角度为 158°,高光模式为变亮,颜色值为 RGB(133,129,194),不透明度为 46,阴影模式为叠加,颜色值为 RGB(0,0,0)。得到的最终效果如图 6-106 所示。

图 6-117 调整标签后的效果

思考与练习

一、多项选择题

1. 在"图层样式"对话框中的"高级混合"选项中,"内部效果混合成组"选项对下列( )图层样式起作用(假设填充不透明度小于 100%)。

    A. 投影   B. 内阴影   C. 内发光   D. 斜面和浮雕

    E. 图案叠加   F. 描边

2. 在 Photoshop CS5 中,关于"图像"→"调整"→"去色"命令的使用,下列描述正确的是( )。

    A. 使用此命令可以在不转换色彩模式的前提下,将彩色图像变成灰阶图像,并保留原来像素的亮度不变

    B. 如果当前图像是一个多图层的图像,此命令只对当前选中的图层有效

    C. 如果当前图像是一个多图层的图像,此命令会对所有的图层有效

    D. 此命令只对像素图层有效,对文字图层无效,对使用图层样式产生的颜色也无效

3. 点文字可以通过下面( )命令转换为段落文字。

    A. "图层"→"文字"→"转换为段落文字"

    B. "图层"→"文字"→"转换为形状"

    C. "图层"→"图层样式"

    D. "图层"→"图层属性"

4. 关于文字图层执行滤镜效果的操作,下列描述是正确的( )。

    A. 首先执行"图层"→"栅格化"→"文字"命令,然后执行任何一个"滤镜"命令

    B. 直接执行一个"滤镜"命令,在弹出的栅格化提示框中单击"确定"按钮

    C. 必须确认文字图层和其他图层没有链接,然后才可以选择"滤镜"命令

    D. 必须使得这些文字变成选择状态,然后选择一个"滤镜"命令

5. 文字图层中的文字信息( )可以进行修改和编辑。

    A. 文字颜色

    B. 文字内容,如加字或减字

    C. 文字大小

    D. 将文字图层转换为像素图层后可以改变文字的字体

6. RGB 模式的图像中每个像素的颜色值都由 R、G、B 3 个数值来决定,每个数值的范围是 0~255。当 R、G、B 数值相等、均为 255、均为 0 时,最终的颜色分别是( )。

    A. 灰色、纯白色、纯黑色   B. 偏色的灰色、纯白色、纯黑色

    C. 灰色、纯黑色、纯白色   D. 偏色的灰色、纯黑色、纯白色

7. 下面有关"图层"面板中的不透明度调节与填充调节之间的描述正确的是( )。

    A. 不透明度调节将使整个图层中的所有像素作用

    B. 填充调节只对图层中填充像素起作用,如样式的投影效果等不起作用

    C. 不透明度调节不会影响到图层样式效果,如样式的投影效果等

    D. 填充调节不一定会影响到图层样式效果,如样式的图案叠加效果等

8. 在 Photoshop CS5 中,下列( )文件格式是可以通过存储为命令得到的。

    A. Illustrator(＊.AI)   B. CompuServe GIF(＊.GIF)

    C. Photoshop PDF(＊.PDF)   D. Photoshop EPS(＊.EPS)

9. 下列关于滤镜"高斯模糊"命令说法正确的是(　　)。

　　A. "高斯模糊"最大值可以设定为 250 像素

　　B. "高斯模糊"最大值可以设定为 255 像素

　　C. "高斯模糊"最小值可以设定为 0.1 像素

　　D. "高斯模糊"最小值可以设定为 0.2 像素

二、操作题

1. 绘制 CD 包装。

实训要求：使用源文件 baby.jpg 绘制如图 6-118 所示的 CD 包装纸。

图 6-118　CD 包装纸

2. 绘制书籍封面。

实训要求：使用源文件 love.jpg、love2.jpg、girl.jp 绘制如图 6-119 所示的书籍封面。

图 6-119　书籍封面

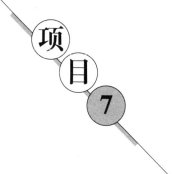

Flash 案例赏析

★技能目标

(1) 能利用 Flash CS5 制作简单动画,掌握 Flash 动画制作的一般步骤。

(2) 能利用 Flash CS5 的绘图工具绘制矢量图形,掌握 Flash 矢量图形的绘制方法。

★知识目标

(1) 了解 Flash 的应用领域。

(2) 熟悉 Flash 的工作界面。

(3) 熟悉绘图工具。

任务 7.1　Flash 的应用领域简介

Flash 作为矢量图形编辑和动画制作最优秀的专业软件,与位图、声音及脚本巧妙融合,能创造出非常好的动画作品,从简单的文字动画效果到复杂的 Flash 网站,从电子贺卡到 Flash 游戏,Flash 几乎可以用来实现所能想象的任何动画应用。此外,结合内置的 ActionScript 语言使得 Flash 能与 XML、HTML 等内容联合使用,从而能制作出以 Flash 为前台,以数据库和 ASP 等技术为后台的网络数据解决方案。概括起来它的主要应用领域有节日贺卡、动画短片、MTV 制作、网页元素、网络广告、小游戏、网络广告、多媒体课件等几个方面。

任务 7.2　Flash 案例赏析

案例 1　节日贺卡

用 Flash 制作的贺卡短小精悍,既美观大方又饶有趣味。通过网络传送自己精心打造的电子贺卡给亲朋好友是一种时尚。如图 7-1 所示为中秋贺卡,图 7-2 所示为圣诞贺卡。

图 7-1　中秋贺卡

图 7-2　圣诞贺卡

案例 2　动画短片

动画短片是 Flash 的主要表现形式,有名的有《大话三国》系列,如图 7-3 所示。人物形象很有特色,配音/画面结合得也很好,情节夸张搞笑;小小的《小小作品 3 号》如图 7-4 所示,作者提炼出来的武打动作精简有力,十分生动;拾荒者的《小破孩》系列如图 7-5 所示,使用了传统的动画绘制手法,在效果上又走了国际化的路线,可以说是一个中西结合的产物,在加强动画效果渲染的同时又很注重戏剧情节。

图 7-3　《大话三国》系列

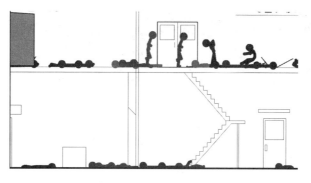

图 7-4　《小小作品 3 号》

图 7-5　《小破孩》系列

案例 3　MTV 制作

　　Flash 强大的设计工具、方便的场景切换,使得 MTV 制作风行全国,至今不衰。MTV 动画在全部 Flash 动画作品中数量也是最多的,拥有众多追逐者。如图 7-6 所示的"春风"、图 7-7 所示的"我是一只小小鸟"。

图 7-6　春风

图 7-7　我是一只小小鸟

案例4　网页元素

带有绚丽而富有创意的动画网站对于访问者而言,无疑比死板的静态页面更吸引人,作为构建网站利器的 Flash,提供给客户一个定制网站完美表现形式的平台,Flash 网页设计类作品主要有两种:网站片头和 Flash 网站,如图 7-8 所示的"冬天来了",如图 7-9和图 7-10 所示的企业网站。

图 7-8　冬天来了

图 7-9　企业网站1

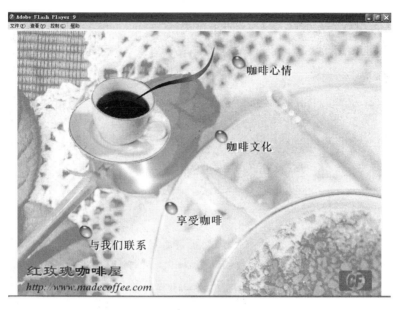

图 7-10　企业网站 2

案例 5　小游戏

Flash 方便界面制作和丰富的动作脚本控制是制作 Flash 小游戏的利器。无论是用于自娱自乐还是商业宣传,Flash 小游戏的身影随处可见。对于很多 Flash 初学者来说,学习制作小游戏可能是学习 Flash 的主要原因。如图 7-11 所示的"跑跑卡丁车"游戏和图 7-12 所示的"捕蝶"游戏。

图 7-11　跑跑卡丁车

图 7-12　捕蝶

案例 6　网络广告

因为 Flash 动画文件体积小、输出质量高，独有的流媒体技术更适合于网络传输，因此它已经成为不争的网络动画霸主，而且越来越深刻地影响着网络应用。要想吸引网友的眼球，必须做得美观、动感和交互性强。网络广告有两种形式：一是动态展示；二是网络小游戏，其让网友参与玩的同时，熟悉产品的功能。如图 7-13 所示的"嘉宝莉 BB 漆"和图 7-14 所示的"激情碰撞世界杯"。

图 7-13　嘉宝莉 BB 漆

图 7-14　激情碰撞世界杯

案例 7　课件制作

用 Flash 制作动态模拟课件能以活泼的动画、鲜艳的色彩呈现事物的变化过程,能形象、生动、逼真地描述事物的运动形式、空间位移、相互关系和形状变化,有利于突出教学重点、突破教学难点。如图 7-15 所示的"浓硫酸与铜的反应"和图 7-16 所示的"碰撞实验"。

图 7-15　浓硫酸与铜的反应

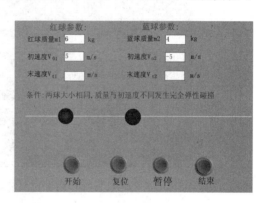

图 7-16　碰撞实验

案例 8　手机领域

手机上的 Flash 小游戏和动画成为一种时尚和趋势。可以在手机上运行的 Flash 种类有贺卡、彩铃、动画、主题与应用程序等,它们以小巧的体积、美观的动画和丰富有趣的内容吸引了众多爱好者。

任务 7.3　一个简单的 Flash 入门动画

本节知识要点:

(1) 新建文档。

（2）Flash CS5 的工作环境。

（3）颜色面板的应用。

（4）多边形工具的使用。

（5）填充变形工具的使用。

7.3.1　案例简介

这一课将开始 Flash 之旅的第一站，制作一个把小球变成五角星的变形动画实例，熟悉 Flash 的工作环境，掌握一些常用工具和功能菜单的使用方法，系统地学习应用 Flash 完成动画的全过程。图 7-17 所示是实例运行效果图。

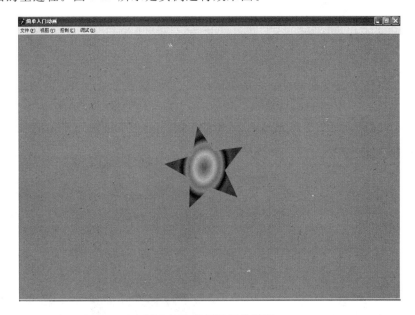

图 7-17　实例运行效果图

7.3.2　制作流程

新建文档→绘制圆形→填充颜色→添加关键帧→绘制五角星→填充→创建补间动画→测试动画→保存动画及发布动画文件。

7.3.3　操作步骤

（1）新建文档。单击 Windows 系统的"开始"菜单，执行"开始"→"程序"→Adobe Flash CS5 Professional 命令，启动 Flash CS5，系统将弹出 Flash CS5 的启动界面。单击"创建"菜单中的"Flash 文档(ActionScript 2.0)"选项，如图 7-18 所示，创建一个新空白文档，如图 7-19 所示。

图 7-18　"Flash 文档(ActionScript 2.0)"选项

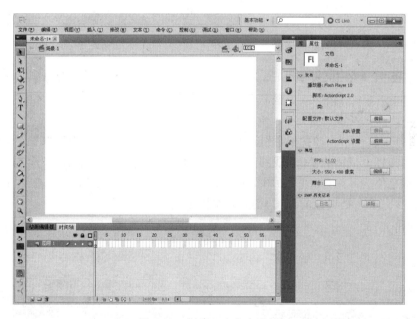

图 7-19　创建一个空白文档

说明：还有一种创建新文件的方法，启动 Flash CS5，执行"文件"→"新建"命令，在"常规"选项卡中选择"Flash 文档(ActionScript 2.0)"，打开一个新的空白文档。

（2）设置文档属性。执行"窗口"→"属性"命令（或按 Ctrl＋F3 键），打开"属性"面板，新建文档以后，用"属性"面板来设置文档的"舞台"大小、"背景颜色"、"帧频"（fps 也就是播放速度）以及文档的"发布设置"等参数，图 7-20 所示为"属性"面板。

单击"属性"面板中"大小"右边的"编辑"按钮，将弹出设置"文档设置"对话框如图 7-21 所示，最上面"尺寸"是用来设定"舞台"大小尺寸的，输入宽度的值为 400px（像素）；高度的值不变为 400px（像素）。

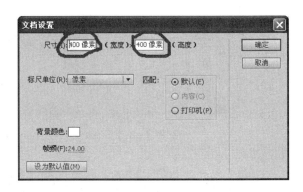

图 7-20　"属性"面板　　　　　　　　　图 7-21　"文档设置"对话框

说明：设置"舞台"的大小尺寸，最小可设定为高和宽均为 18px（像素）；最大可设定高和宽均为 2880px（像素）。系统默认的尺寸是 550×400px（像素），可以在"标尺单位"的下拉菜单里面选择其他的单位，如毫米等。

单击"背景颜色"右边的"取色"按钮，在弹出的"颜色样本"面板中选取颜色，选取颜色的同时鼠标指针变成滴管工具，找到天蓝色样本并拾取，同时可以查看在"十六进制"文本框中显示颜色值为♯00CCFF，如图 7-22 所示。保持"文档设置"的其他参数不变，单击"确定"按钮，完成文档属性的设置，场景效果图如图 7-23 所示。

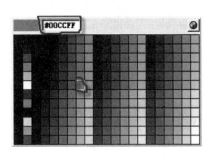

图 7-22　"颜色样本"面板　　　　　　　图 7-23　完成属性设置的场景效果图

说明：除了用滴管工具直接在颜色样本中拾取颜色外,如果知道颜色的十六进制数值,也可以在"十六进制"文本框中直接输入,颜色的十六进制值以♯开头。

说明："匹配"→"打印机"：匹配打印机,让底稿的大小与打印机的打印范围相同。

"匹配"→"内容"：匹配内容,在舞台上将内容四周的空间都设置为对称。

"匹配"→"默认"：匹配默认,使用默认值。

"帧频"：默认为 24fps。它是指动画每秒播放的帧数,默认的播放速度是每秒钟播放时间轴上的 24 帧,这是在 Web 上播放动画的最佳帧频。根据特殊需要可以修改。

（3）绘制图形。

① 设置圆形的颜色：单击"工具"面板中的椭圆工具 ◯ ,单击"工具"面板下面"颜色"区域的"笔触颜色" ,在弹出的"颜色样本"面板中单击"无"按钮 ☑ 如图 7-24 所示。再单击"填充颜色"按钮 ,在弹出的"颜色样本"面板中选择蓝色(♯0000FF),如图 7-25 所示。

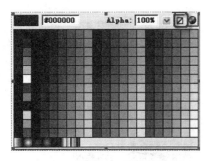
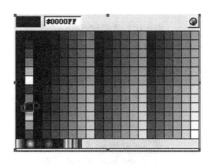

图 7-24　设置笔触颜色为无　　　　图 7-25　设置填充颜色为蓝色

② 绘制圆形：移动鼠标到"舞台"的中间,按住 Shift 键的同时按住鼠标左键拖动,绘制出一个随意大小的圆形,如图 7-26 所示。

说明：在绘制某个形状时,它的颜色有两个部分：外部线条称为笔触颜色,它描绘形状的轮廓;形状内部的着色称为填充颜色。在绘制图形之前,通常要先设置笔触颜色和填充颜色。

按住 Shift 键拖动可以将形状限制为正圆形,否则为不规则的椭圆形状。

③ 设置圆形的属性：选择"工具"面板中的选择工具 ,然后单击"舞台"上的"圆形"按钮,执行"窗口"→"属性"命令(或按 Ctrl+F3 键),打开"属性"面板,在"属性"面板中设置宽和高都为 80 像素,X 轴和 Y 轴的坐标分别为 236 和 160,如图 7-27 所示。

（4）改变圆形为渐变填充。

① 选择渐变色填充类型,保持"舞台"上的"圆形"处于被选中状态,执行"窗口"→"颜色"命令(或按 Shift+F9 键),打开"颜色"面板,单击"填充样式"后面的下三角按钮,在弹出菜单中选择"径向渐变"填充,如图 7-28 所示。

② 设置渐变填充颜色：单击中间"渐变定义栏"下面左边的"渐变指针"按钮,设置"放射状"渐变填充起始点的颜色,也就是圆心中间部位的颜色。在下面的颜色空间单击选择一种浅蓝色(♯939BFD),如图 7-29 所示。

图 7-26　绘制出的圆形　　　　　　　　　图 7-27　设置圆形的属性

图 7-28　选择径向渐变　　　　　图 7-29　调整起始点填充色为浅蓝色

　　然后,再单击"渐变定义栏"下面右边的"颜色指针",设置"放射状"渐变填充的终点颜色,也就是圆形周围的颜色。在下面的颜色空间单击选择一种深蓝色(♯36027D),如图 7-30 所示。

　　③ 完成渐变色填充:颜色设置好以后,因为"舞台"上的"圆形"处于被选中状态,编辑颜色的同时被选中的"圆形"会自动添加编辑的渐变填充颜色,很像一个小球的形状,如图 7-31 所示。

　　④ 调整渐变填充:渐变填充完成以后,"圆形"有了立体感,但是不符合光源的照射规律,因此需要调整"圆形"渐变填充的起始位置,使其看起来更接近自然界中的球体。

　　说明:如果没有事先选中绘制的图形,在"颜色"面板中编辑颜色以后,选择"工具"面板中的颜料桶工具 🪣 ,鼠标指针变成"颜料桶"形状,移动鼠标到舞台上单击绘制的形状也可以完成填充,这是填充颜色的另外一种方法。

　　选择"工具"面板中的渐变变形工具 🧮 ,移动鼠标到舞台上单击"圆形","圆形"的中间和周围出现 4 个"渐变变形控制点",如图 7-32 所示。

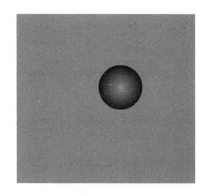

图 7-30　调整终点填充色　　　　图 7-31　渐变填充的小球

移动鼠标到"圆形"中间的"填充变形控制点"上，鼠标指针变成"十"字形 ✛，按住鼠标左键向左上方拖动，将"高光区"拖放到"圆形"的左上方，如图 7-33 所示。调整后的效果图如图 7-34 所示。

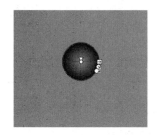  

图 7-32　4 个渐变变形控制点　图 7-33　移动填充变形控制点　图 7-34　调整后的效果图

⑤ 相对于舞台对齐：选中"舞台"上的"圆形"，执行"窗口"→"对齐"命令（或按 Ctrl＋K 键），打开如图 7-35 所示的"对齐"面板。并在"对齐"面板中分别选中"与舞台对齐"选项，并单击"垂直居中"按钮 ┃➊、"水平居中"按钮 ♣，使"圆形"位于舞台的正中。

（5）绘制另一图形。

① 添加关键帧：单击时间轴上第 20 帧，执行"插入"→"时间轴"→"关键帧"命令（或按 F6 键），在第 20 帧处插入一个"关键帧"得到的效果图如图 7-36 所示。

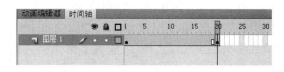

图 7-35　"对齐"面板　　　　　图 7-36　插入关键帧后的效果图

② 设置多边形工具：选中工具栏中的"多角星形工具" ，在其"属性"标签中，如图 7-37 所示，单击"选项"按钮，将会出现如图 7-38 所示的"工具设置"对话框，在对话框中设置样式为星形，边数为 5。

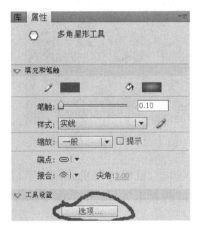

图 7-37 "多角星形工具"的"属性"标签   图 7-38 "工具设置"对话框

③ 设置颜色：参照前面步骤，分别设置笔触颜色为"无"，填充颜色为如图 7-39 所示的"五彩"。

④ 绘制彩色五角星：选第 20 帧，把舞台上的"圆形"删除。选中五角星工具，在舞台上拖动，绘制出一个如图 7-40 所示的五角星，并参照前面所述方法把五角星相对于舞台居中对齐。

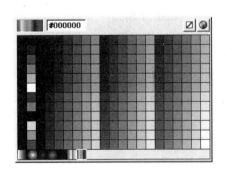

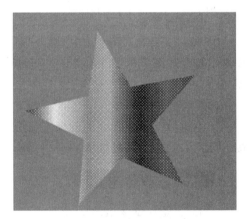

图 7-39 设置填充颜色为"五彩"   图 7-40 五角星

（6）创建动画。选中第 1 帧和第 20 帧之间的任意帧，右击，在弹出的菜单中选中"创建补间形状"选项，如图 7-41 所示。图层的第 1 帧到第 20 帧之间将出现一条浅绿色背景的带黑色箭头的实线。这样，就实现了第 1 帧到第 20 帧的"形状"补间动画，建立补间形状后的时间轴如图 7-42 所示。

图 7-41　选中"创建补间形状"选项

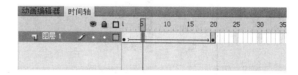

图 7-42　建立补间形状后的时间轴

（7）在场景中测试动画。拖动"时间轴"上的红色"播放头"到第一帧的位置，按 Enter 键，动画便开始播放，观察小球的"动作"补间动画效果。

（8）测试和保存动画。

① 测试动画：执行"控制"→"测试影片"命令（或按 Ctrl＋Enter 键），弹出如图 7-43 所示的测试窗口，可以观看整个动画的播放效果，测试动画效果是否满意。单击测试窗的"关闭"按钮即可关闭。如果有不满意的地方可以继续回到场景对动画进行编辑和调试，直到满意为止。

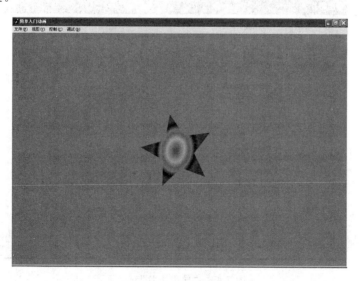

图 7-43　测试窗口

② 保存动画：执行"文件"→"保存"命令(或按 Ctrl＋S 键)，弹出"另存为"对话框，指定文件保存的路径，输入文件名"简单入门动画"，设置保存类型为 Flash CS5 文档(＊.fla)，即文件的扩展名为 .fla。最后，单击"保存"按钮保存动画，如图 7-44 所示。

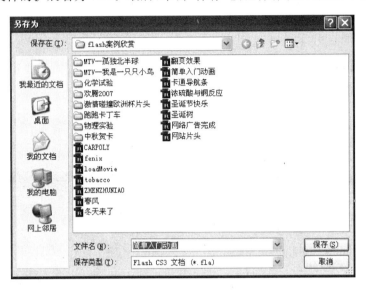

图 7-44 "另存为"对话框

(9) 导出动画。执行"文件"→"导出"→"导出影片"命令(或按 Ctrl＋Alt＋Shift＋S 键)，弹出"导出影片"对话框，指定文件导出的路径和源文件保存在一个目录下，输入文件名"简单入门动画"，设置保存类型为 Flash 影片(＊.swf)，即文件的扩展名为 .swf。然后，单击"保存"按钮，如图 7-45 所示。

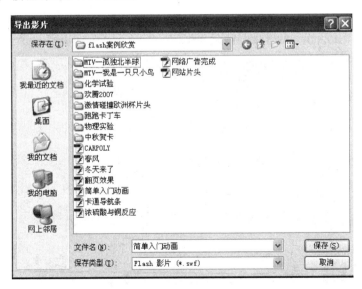

图 7-45 "导出影片"对话框

7.3.4　课堂讲解

1. Flash CS5 的工作环境

默认情况下,其工作环境界面如图 7-46 所示。

Flash CS5 的界面较之以往的版本有了很大的改变。Flash CS5 的工作环境主要由菜单栏、主工具栏、绘图工具、时间轴、编辑栏、舞台、"属性"面板以及右键快捷菜单组成,如图 7-46 所示。

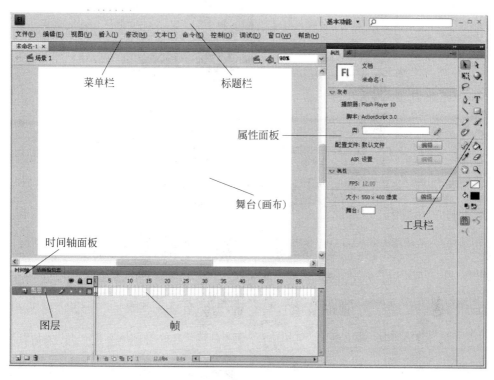

图 7-46　Flash CS5 的工作环境

(1) 菜单栏:它由"文件"、"编辑"、"视图"、"插入"、"修改"、"文本"、"命令"、"控制"、"测试"、"窗口"和"帮助"这 11 个菜单项组成。单击每个菜单项,会显示出相应的下拉菜单,如图 7-47 所示为"文件"菜单。执行菜单中的命令,可以完成对文件及各种对象的操作。"文件"菜单中的命令如图 7-47 所示。

(2) 主工具栏:在默认工作界面中是不显示的,可以通过单击"窗口"→"工具栏"→"主工具栏"命令,将其调出显示。主工具栏中是一些标准菜单中的命令按钮,将 Flash CS5 中的常用功能以按钮的形式集中在一起,如图 7-48 所示。

(3) "绘图"工具栏:它提供了绘制、编辑图形的所有工具,使用这些工具,可以在当前工作区轻松绘制出各种图形对象,并能方便地对所绘制对象进行编辑、修改。"绘图"工具栏分为 4 个部分如图 7-49 所示。

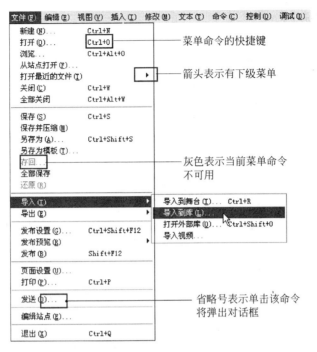

图 7-47 "文件"菜单

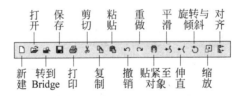

图 7-48 主工具栏

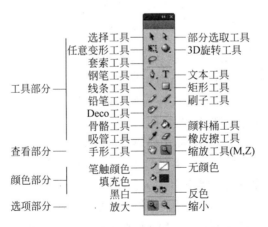

图 7-49 "绘图"工具栏

（4）时间轴：它用于组织和控制一定时间内的图层和帧中的文档内容，如图 7-50 所示。与胶片一样，Flash CS5 也将时长分为帧。图层就像堆叠在一起的多张幻灯胶片一样，每个图层都包含一个显示在舞台中的不同图像。

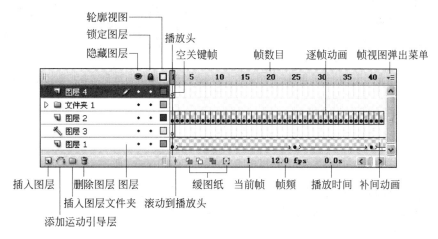

图 7-50 时间轴

（5）编辑栏：编辑栏位于舞台的顶部，其包含的控件和信息可用于编辑场景和元件，并更改舞台的缩放比例，如图 7-51 所示。通过使用编辑栏，可以方便地在场景和元件的编辑界面之间进行切换。

（6）隐藏时间轴：单击该按钮可以将时间轴隐藏，从而扩展舞台。

（7）返回上一级：单击该"箭头"按钮可以返回到上一级的编辑界面。

（8）舞台：舞台是用户在创建 Flash CS5 文档时放置图形内容的矩形区域，该区域中的内容即为当前帧的内容，如图 7-52 所示。在实际播放影片文件时，舞台矩形区域以内的图形对象是可见的，而区域外的图形对象是不可见的。在工作时，如果需要更改舞台的视图，可以使用放大和缩小功能。

（9）"创作"面板：Flash 的"创作"面板包括"属性"面板、"库"面板、"动作"面板以及其他集成了各种功能的面板等。

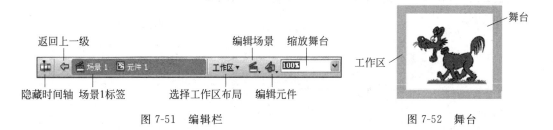

图 7-51 编辑栏　　　　　　　　　图 7-52 舞台

2. 多角星形工具

多角星形工具与矩形工具在同一工具组中。使用多角星形工具可以绘制等边多边形或等边星形图形。图 7-53 所示是它的"工具设置"对话框，图 7-54 所示是用多

图 7-53　多角星形工具的"工具设置"对话框　　　图 7-54　用多角星形工具绘制出来的多边形

角星形工具绘制出来的多边形。

3. "颜色"面板

使用"颜色"面板,可以更改线条和填充的颜色,如图 7-55 所示。

4. 渐变变形工具 的用法

渐变变形工具用于调整填充的大小、方向或者中心,从而可以改变渐变填充或位图填充,如图 7-56 所示。

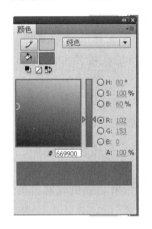

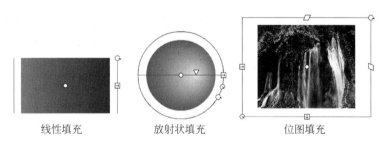

图 7-55　"颜色"面板　　　　　　　　　　图 7-56　渐变控制线与控制点

拖动具有相应功能的手柄,可以改变渐变或位图填充的形状,如图 7-57 所示。

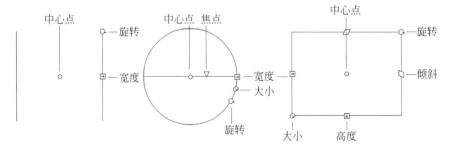

图 7-57　渐变工具的控制点

任务 7.4 卡通绘图

本节知识要点：
(1) 绘图工具的使用。
(2) 帧、元件、图层的知识。

7.4.1 案例简介

碧蓝的天空，雪白的云朵，翠绿的山峰，波光闪烁的湖面上漂浮着美丽的花儿，小鸭在水面快乐地游泳……要做出这个漂亮的场景并不难，造型简单、色彩艳丽，是 Flash 里很典型的创作方法。本例最终效果图如图 7-58 所示。

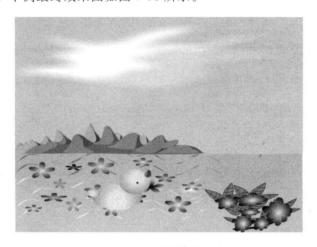

图 7-58 最终效果图

7.4.2 制作流程

新建文档→创建"花瓣"元件→创建"花朵"元件→创建"小鸭"元件→创建"白云"元件→画湖水和波浪→画天空和山峰→创建"花朵"图层→整理完整画面。

7.4.3 操作步骤

(1) 新建文档。执行"文件"→"新建"命令，在弹出的对话框中选择"常规"→"Flash 文档(ActionScript 2.0)"选项后，单击"确定"按钮，新建一个影片文档。执行"文件"→"新建"命令，保存影片文件，命名为"卡通绘制"。

(2) 编辑"花瓣"元件。

① 新建元件：执行"插入"→"新建元件"命令，弹出"创建新元件"对话框，输入元件

"名称"为"花瓣",设置"类型"为"图形",单击"确定"按钮,如图7-59所示。

图7-59 创建图形元件设置

② 画花瓣:在"花瓣"图形元件的编辑场景中,在工具栏中选择椭圆工具,如图7-60所示,设置"笔触颜色"为红色,"填充颜色"为无,如图7-61所示。

图7-60 选择椭圆工具   图7-61 颜色设置

在场景中绘制出一个圆形,如图7-62所示,单击选择工具 ,将鼠标指针移动到圆形下边的弧线上,指针右下角会变成弧线状,拖动鼠标,将圆形调整成花瓣形状,如图7-63所示。

图7-62 圆形   图7-63 花瓣形状

说明:注意要让图形下端靠近场景中心的"十字"形符号。因为下一步要做的旋转以"十"字形符号为中心。

③ 给花瓣填充颜色:执行"窗口"→"颜色"命令,在"颜色"面板中选择填充类型为"线性渐变",设定颜色为由大红到浅红渐变,如图7-64所示。设定填充颜色时凭感觉就好,不用太拘泥于具体的数值。

在工具箱中选择颜料桶工具 ,给场景中的花瓣图像填充颜色,然后删除外框线条,得到的效果图如图7-65所示。

图 7-64　填充色设置　　　　　图 7-65　填充颜色后的效果图

（3）编辑"花朵"元件。新建图形元件，令元件名称为"花朵"。在元件的编辑场景中，将刚刚绘制的"花瓣"元件从"库"面板中拖放到场景中，然后选用任意变形工具 ，将这个图形实例的中心点移动到花瓣图形的下端，如图 7-66 所示。保持场景中的"花瓣"元件处于被选中状态，执行"窗口"→"变形"命令，弹出"变形"面板，如图 7-67 所示。在"变形"面板中，设置旋转为 72°，单击"重制选区和变形"按钮 ，这时在"花瓣"旁边出现一个同样的"花瓣"图形，接着再单击"重制选区和变形"按钮 3 次后，一朵花就画完了，完整的花朵如图 7-68 所示。如果做成花瓣形状不太满意，可以随时打开"花瓣"元件进行调整，同时花朵形状也会随之发生变化。

图 7-66　"花瓣"图形元件　　　　图 7-67　"变形"面板

（4）编辑"小鸭"元件。

① 画小鸭头身体：新建图形元件，取名为"小鸭"。在这个元件编辑场景中，使用"椭圆工具" 绘制出一个椭圆图形，作为小鸭的身体，如图 7-69 所示。

② 画小鸭头部：在"图层 1"上新插入一个图层。为防止破坏场景中原有的图形，单击"图层 1"中与上面锁状图标相对应的小圆点，使其处于锁定状态。如要对"图层 1"上的图形进行改动，再次单击此图标，即可解锁，如图 7-70 所示。

在"图层 2"上，用"椭圆工具"绘制出圆形，作为小鸭的头部形状，效果图如图 7-71 所示。

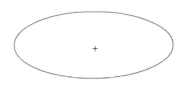

图 7-68　完整的花朵　　　　图 7-69　小鸭身体　　　　图 7-70　插入新的图层并使其
　　　　　　　　　　　　　　　　　　　　　　　　　　　　　　处于锁定状态

③ 画小鸭的嘴和尾巴：新建一个"图层 3"，在这个"图层 3"上，用"椭圆工具"在小鸭尾部和头部各画一小圆圈作为鸭嘴和鸭尾，用选择工具 调整形状，如图 7-72 所示。

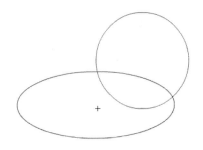
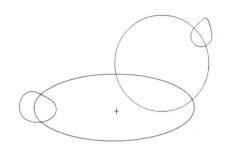

图 7-71　小鸭头部　　　　　　　　　　图 7-72　小鸭的嘴和尾巴

说明：上面在不同的图层上绘制了小鸭不同部位的形状，因为不同图层上的图形互相不影响，所以可以方便调整形状和填充颜色。

④ 填充颜色：执行"窗口"→"颜色"命令，在"颜色"面板中选择"径向渐变"，设定渐变颜色从黄到深黄浅，如图 7-73 所示。浅黄颜色值(左边的颜色块)为♯FDFC62，深黄颜色值(右边的颜色块)为♯F99D06。

分别填充小鸭身体、头部和尾，并将轮廓线删除，填充颜色后的效果图如图 7-74 所示。

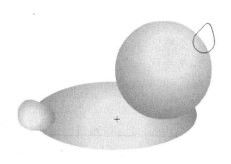

图 7-73　颜色设置　　　　　　　　　图 7-74　填充颜色后的效果图

在"颜色"面板重新设置填充颜色。其中,"类型"选取"放射状",设定鸭嘴的渐变颜色从深褐色到浅褐色,如图 7-75 所示。从左到右 3 个颜色块的颜色值分别为 ♯F8AE67、♯F99A3C、♯AC500D。

⑤ 填充鸭嘴:选择渐变变形工具 来调整、删除轮廓线,如图 7-77 所示。

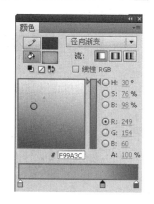

图 7-75　鸭嘴的渐变颜色设置　　　　图 7-76　选择渐变变形工具

⑥ 画小鸭眼睛:使用刷子工具 ![],选择合适大小的笔刷,填充黑色,给小鸭点上眼睛,如图 7-78 所示。

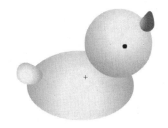

图 7-77　调整、删除轮廓线　　　　　图 7-78　用笔刷工具点画小鸭眼睛

(5) 编辑"白云"元件。

画白云轮廓形状:新建一个名字为"白云"的影片剪切元件,在这个元件的编辑场景中绘制白色矩形。利用选择工具 ![] 把矩形拉成如图 7-79 所示的形状。再把这个形状复制一个,并把它们排列成如图 7-80 所示的效果,把两个图都选中,按 Ctrl+B 键把两个图形都完全打散。选中打散后的图形,单击任意变形工具 ![],单击"封套"按钮 ![],调整图形后的效果图如图 7-81 所示。

图 7-79　矩形拉成的形状　　　　　　图 7-80　两个形状排列

(6)画湖水和波浪。

① 画湖水:从元件编辑场景返回到"场景 1"。打开"颜色"面板,在其中选择"线性渐变"类型,渐变颜色可以自行设置,如图 7-82 所示。在主场景中,双击"图层 1",输入新图层名称为"湖水",按 Enter 键确认。用矩形工具 ▢,画一无边框的长方形,大小和位置如图 7-83 所示。使用填充变形工具 ▣,将长方形的填充色调整为如图 7-84 所示的效果。

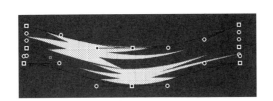

图 7-81　调整图形后的效果图

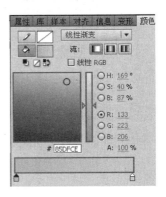

图 7-82　渐变颜色设置

图 7-83　画湖水

图 7-84　调整湖水填充色

② 画波浪:在"湖水"图层上新建一个图层,并将它改名为"波浪"。锁定"湖水"层,并单击"湖水"层与上面眼睛图标相对应的小圆点,使其为不可见,如图 7-85 所示。

说明:在多图层绘制图形时,为了各个图层的图形互相不影响,往往要锁定或者隐藏暂时不需要编辑的图层。

在"波浪"图层上,使用钢笔工具按照斜上、斜下的方向,画出如图 7-86 所示的波浪线。选中图 7-86 所示的线条,执行"修改"→"形状"→"将线条转换为填充"命令,把转换过来的波浪线条"填充色"设置为浅蓝色,再执行"修改"→"形状"→"优化"命令,得到的最后的波浪线效果图如图 7-87 所示。

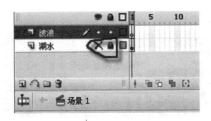

图 7-85　锁定图层并使图层不可见

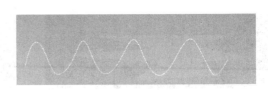

图 7-86　用"钢笔工具"画波浪线

框选波浪线,按住 Alt 键并拖动鼠标,可以很快地进行对象的复制,复制出来的波浪线使用任意变形工具 ▦ 调整为合适大小,并按从近到远,错落有致地排列,单击"湖水"层上的"红叉"按钮,使其图形显示出来,这时舞台效果如图 7-88 所示。

图 7-87　最后的波浪线效果图

图 7-88　复制排列波浪

(7) 画山峰和天空。

① 画山峰:在"波浪"图层上新建一个图层,并将这个图层重新命名为"山"。在"山"图层上,利用椭圆绘制工具和选择工具 ▶ 的鼠标吸附功能制作如图 7-89 所示的山形(此处读者也可以自行设计制作山形),再复制一个图 7-89 所示的山形,并改变它的颜色,并把它们排列成如图 7-90 所示图形。

图 7-89　山形

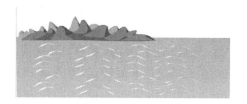

图 7-90　完成排列后的图形

说明:在多图层绘制图形时,要注意调整图层的上下次序,上下次序不一样,图形效果就不同。例如,如果画好的山和湖水衔接得不妥帖,或有多余的部分,可以将"山"图层拖动到"湖水"图层的下面,这样可以掩去多余部分。

② 画天空:新建一个图层,并将这个图层重新命名为"天空"。在"颜色"面板中重新设置填充颜色。填充类型设置为"线性渐变",渐变颜色设置根据前面海水颜色的设置自行设定,如图 7-91 所示。

在"天空"图层上,选择矩形工具,在舞台上部画一个长方形,然后使用渐变变形工具进行调整。最后,将"天空"图层拖动到"山"图层下方,得到效果图如图 7-92 所示。

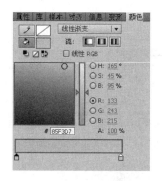

图 7-91　天空颜色设置

图 7-92　调整图层的效果图

(8) 创建"花朵"图层。

① 新建"花朵"图层:新建一个图层,并将这个图层重新命名为"花朵"。将"库"面板中的"花朵"图形元件放置在这个图层上,并且还要调整这些花朵实例的高级效果。

② 在舞台引用一个"花朵"实例:在"花朵"图层上,按 Ctrl+L 键,打开"库"面板,从"库"中将"花朵"图形元件拖放到舞台上,此时舞台上就出现一个"花朵"实例,如图 7-93 所示。为了改善画面的整体效果,使用"渐变变形工具"将舞台上的"花朵"实例缩放到合适大小,并略微压扁。

图 7-93　"花朵"实例

说明:"库"面板中存放的是元件,将"库"面板中的元件拖放到舞台上的对象叫作元件的实例。

③ 复制"花朵"实例:按住 Alt 键同时用鼠标拖放"花朵"实例,复制出一些花朵来,将其进行适当的缩放和旋转,如图 7-94 所示。

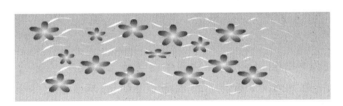

图 7-94　复制不同的花朵

④ 调整"花朵"实例的颜色:选中一个"花朵"实例,打开"属性"面板,如图 7-95 所示。在其中单击"色彩效果"下拉菜单,选中"高级"选项,如图 7-96 所示。

图 7-95　"属性"面板

图 7-96　"色彩效果"下拉菜单

在"色彩效果"下拉菜单中,可以调整相对应的颜色参数的各项数值。可以一边调整一边观察花朵实例的颜色变化,直到满意的色彩即可。

请按照上面的方法,将舞台上的花朵调整出不同的色彩来,参考效果图如图 7-97 所示。

(9) 整理完成整个画面。

① 创建"小鸭"图层:新建一个图层,并将其重新命名为"小鸭"。在这个图层上,将"小鸭"图形元件从"库"面板中拖放到舞台上合适位置,如图 7-98 所示。

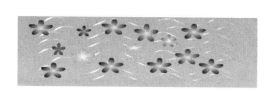
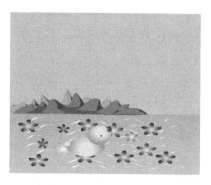

图 7-97　参考效果图　　　　　　　　图 7-98　将小鸭放到舞台上

② 创建"白云"图层:新建一个图层,并将其重新命名为"白云"。在这个图层上,将"白云"影片剪切元件从"库"面板中拖放到舞台上合适位置,并选中它,在"属性"面板中单击"滤镜"选项,选择"模糊",设置适当的参数。然后复制一个"白云"实例,使用"任意变形工具"调整白云形态,并在"属性"面板中设置它的 Alpha 为适当的值,得到的效果图如图 7-99 所示。

③ 进一步完善画面效果:新建一个"花枝"图层。在这个图层上,参照前面介绍的画法,另外画一朵造型不同的花朵,并按先前介绍的相关方法画出绿叶搭配好。完成后的效果如图 7-100 所示。

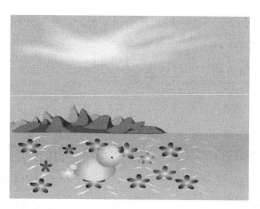

图 7-99　将白云放到舞台上并调整其形态后的效果图　　　　图 7-100　完成后的效果图

7.4.4　课堂讲解

Flash 提供了各种工具,用来绘制自由形状或准确的线条、形状和路径,并可用来对对象进行上色,图 7-101 所示是 Flash 的绘图工具箱。从绘图工具箱中选择不同的工具时,在其下方的选项栏中会出现与之对应的参数修改器。这些修改器可以对所绘制的图形做外形、颜色和其他属性的微调。此外,在选择了各种工具后,还需要结合窗口下的"属性"面板来设置工具的属性。对于不同的工具,其属性参数也是不一样的。

1. 线条工具 ✎

在 Flash CS5 中线条工具主要是用于绘制线段。线条的属性主要有笔触颜色、笔触高度和笔触样式,可以在"属性"面板中进行设置,如图 7-102 所示。

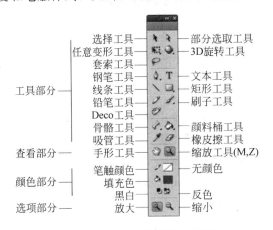

图 7-101　Flash 的绘图工具箱

图 7-102　直线"属性"面板

2. 铅笔工具 ✎

铅笔工具 ✎ 的颜色、粗细、样式定义和"线条工具"一样,在它的附属选项里有 3 种模式,如图 7-103 和图 7-104 所示。

图 7-103　铅笔模式　　　　图 7-104　直线化模式、平滑模式、墨水模式的比较

(1)直线化模式:在直线化模式下画的线条,它把线条转成接近形状的直线。

(2)平滑模式:把线条转换成接近形状的平滑曲线。

(3)墨水模式:不加修饰,完全保持鼠标轨迹的形状。

3. 钢笔工具 ✎

用"钢笔工具" ✎ 画路径是非常容易的。选择钢笔工具 ✎ 后,在舞台上不断地单击鼠标，就可以绘制出相应的路径，如果想结束路径的绘制，双击最后一个点即可。

说明：按住 Shift 键的同时再进行单击，可以将线条限制为倾斜 45°的倍数方向。

创建曲线的要诀是在按下鼠标的同时向想要绘制曲线段的方向拖动鼠标，然后将指针放在你想要结束曲线段的地方，单击鼠标左键，然后朝相反的方向拖动来完成线段。如果觉得这条曲线不满意，还可以用部分选取工具来进行调整。钢笔工具组如图 7-105 所示，钢笔工具的属性如图 7-106 所示。

图 7-105　钢笔工具组　　　　　　　　图 7-106　钢笔工具的属性

下面练习一下钢笔工具。先执行"视图"→"网格"→"显示网格"命令，在工作区中出现网格，使定点更容易。先在一个网格的顶点上单击鼠标确定起点，然后在顶点的对角点单击并拖动鼠标，如图 7-107 所示。然后每隔 3 个网格进行拖放，每次拖放的方向与前次向反。这样，一条很有规律的波浪线便产生了，效果图如图 7-108 所示。

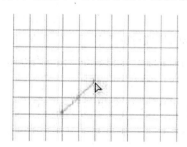

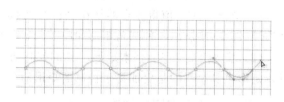

图 7-107　拖动"钢笔工具"　　　　　　图 7-108　波浪线效果图

在工具箱中选择部分选取工具，单击节点，会出现两个手柄，如图 7-109 所示。拖动手柄可以改变曲线的形状。按住 Alt 键的同时拖动手柄，可以不影响另一个手柄。拖动节点可以改变节点的位置，如图 7-110 所示。

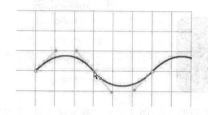

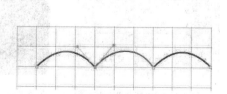

图 7-109　单击节点后出现的两个手柄　　图 7-110　拖动手柄调节曲线形状

4. 椭圆工具 ⊙

Flash 提供了两种绘制椭圆的工具：椭圆工具和基本椭圆工具。

（1）椭圆工具：椭圆工具的属性如图 7-111 所示。

图 7-111　椭圆工具的属性

（2）基本椭圆工具 ⊙：基本椭圆工具的操作方法、作用与椭圆工具基本相同，相对于椭圆工具来讲，基本椭圆工具绘制的是更加易于控制的扇形对象。

5. 矩形工具 ▢

Flash 提供了两种绘制矩形的工具，即矩形工具 ▢ 和基本矩形工具 ⊙。

（1）矩形工具：值得注意的是在"属性"面板（见图 7-112）中，可以通过设置"边角半径"矩形选项，绘制出各种圆角矩形如图 7-113 所示。

（2）基本矩形工具：基本矩形工具的操作方法与矩形工具基本相同，区别在于使用基本矩形工具绘制的是更加易于控制的矩形对象。

图 7-112　"属性"面板　　　图 7-113　圆角矩形　　　图 7-114　"橡皮擦工具"菜单

6. 橡皮擦工具

顾名思义,橡皮擦工具就和橡皮一样,可以擦去不需要的地方。双击橡皮擦工具,可以删除舞台上的所有内容。单击"橡皮擦工具"按钮 ,在弹出的菜单中有几个选项,如图 7-114 所示。各种擦除模式的效果图如图 7-115 所示。

(a) 标准擦除　(b) 擦除填色　(c) 擦除线条　(d) 擦除所选填充　(e) 内部擦除　(f) 水龙头工具

图 7-115　橡皮擦工具在不同模式下清除图形的效果图比较

(1) 标准擦除:擦除同一层上的笔触和填充。

(2) 擦除填色:只擦除填充,不影响笔触。

(3) 擦除线条:只擦除笔触,不影响填充。

(4) 擦除所选填充:只擦除当前选定的填充,并不影响笔触(不管笔触是否被选中)。以这种模式使用橡皮擦工具之前,请选择要擦除的填充。

(5) 内部擦除:只擦除橡皮擦笔触开始处的填充。如果从空白点开始擦除,则不会擦除任何内容。以这种模式使用橡皮擦并不影响笔触。

在"选项"菜单下选择水龙头工具 ,单击需要擦除的填充区域或笔触段,可以快速将其擦除。如果只擦除一部分笔触或填充区域,就需要通过拖动进行擦除。

7. 刷子工具

刷子工具可用于绘制自由形状的矢量填充。使用该工具能绘制出刷子般的笔触,可以用来创建一些特殊效果,如书法效果。图 7-116 所示为"刷子选项"菜单,图 7-117 所示为"刷子模式"列表,图 7-118 所示为不同模式填充效果图的比较。

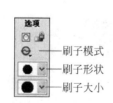

图 7-116　"刷子选项"菜单

图 7-117　"刷子模式"列表

标准绘画　颜料填充　后面绘画　颜料选择　内部绘画

图 7-118　不同模式填充效果图比较

8．选择和修饰对象

在修改某一图形对象之前,需要先选择该对象如图7-119所示是选择和修饰工具组。

（1）选择工具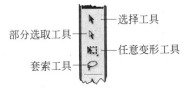

选择工具的用法如图 7-120、图 7-121、图 7-122所示。

图 7-119　选择和修饰工具组

| 单击
选择填充 | 单击
选择线条 | 双击
选择多重连接线段 | 双击
选择填充及其轮廓 | 拖动鼠标
框选 |

图 7-120　选择工具的用法(1)

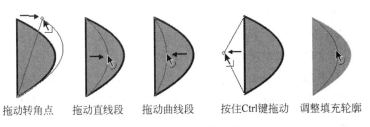

拖动转角点　　拖动直线段　　拖动曲线段　　按住Ctrl键拖动　　调整填充轮廓

图 7-121　选择工具的用法(2)

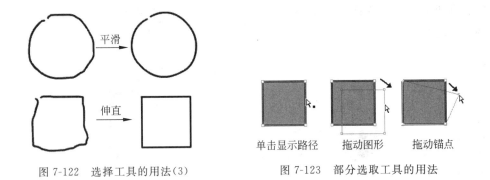

平滑

伸直

单击显示路径　　拖动图形　　拖动锚点

图 7-122　选择工具的用法(3)　　　　图 7-123　部分选取工具的用法

（2）部分选取工具

使用部分选取工具,可以显示并调整图形对象中的路径点,部分选取工具的用法如图 7-123 所示。

9．帧和图层

Flash 动画是通过更改连续帧的内容,并以图层的方式对不同的动画内容进行编辑和组合来完成的。

（1）帧：帧是 Flash 影片的最小单位。在 Flash 中,动画是由许多独立的帧组成的。

在每一帧中放置不同的图像。

（2）图层：图层是一种按顺序堆积的透明窗口，具有方便管理对象和组织重叠对象的功能。位于不同图层上的对象，其互相之间是独立的。把对象放置在不同的图层，可以通过改变图层的排列顺序方便地实现对各对象堆叠顺序的控制和重置。

10. 元件、实例和库

（1）元件：如果一个对象需要在影片中重复使用，则可以将其保存为元件。

（2）元件的类型：根据使用目的和用途的不同，元件可分为 3 种不同的类型：图形元件、按钮元件和影片剪辑元件。

（3）图形元件：图形元件是最基础的元件类型，用于静态图像。

（4）影片剪辑元件：影片剪辑元件用于创建可重复使用的动画片段。

（5）按钮元件：按钮元件用于创建可响应鼠标单击、滑过或其他动作的交互式按钮，从而实现动画的交互性。

（6）元件的创建方法：Flash 创建元件的方法有两种：一种是可以通过舞台上选定的对象来创建元件；另一种是可以创建一个空元件，然后为该元件添加相应的内容。

（7）将选定对象转换为元件：先选定对象再执行"修改"→"转换为元件"命令，弹出如图 7-124 所示的对话框，在对话框中选择元件类型，输入元件名称，单击"确定"按钮，把现有的对象转换为元件。

图 7-124 "转换为元件"对话框

（8）创建空元件：执行"插入"→"新建元件"命令，弹出如图 7-125 所示对话框，在对话框中选择元件类型，输入元件名称，单击"确定"按钮进入新建元件界面。

图 7-125 "创建新元件"对话框

（9）实例：创建的元件被自动存放在 Flash 的"库"面板中，当需要使用某一元件时，可以将该元件从"库"面板中拖动到舞台上。拖动到舞台上的元件称为该元件的实例，如图 7-126 所示。

图 7-126   元件的实例

项目实训

绘制一棵树

操作步骤如下。

(1) 新建文档。执行"文件"→"新建"命令,弹出"新建文档"对话框,在"类型"中选择"Flash 文档"选项,单击"确定"按钮,建立一个新的 Flash 文档,在这里不改变文档的属性,直接使用其默认值。

(2) 新建图形元件。执行"插入"→"新建元件"命令,或者按 Ctrl+F8 键,弹出"创建新元件"对话框,在"名称"中输入元件名称为"树叶",如图 7-127 所示,选择"行为"为"图形",单击"确定"按钮。这时,工作区变为"树叶"图形元件的编辑场景,如图 7-128 所示。

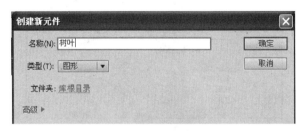

图 7-127   "创建新元件"对话框

(3) 绘制树叶图形。在"树叶"图形元件编辑场景中,首先用线条工具 ＼ 画一条直线,设置"笔触颜色"为深绿色,如图 7-129 所示。用选择工具将它拉成曲线,如图 7-130 所示。再用"线条工具"绘制一个直线,用这条直线连接曲线的两端点,如图 7-131 所示。

用选择工具 ▲ 将这条直线也拉成曲线,如图 7-132 所示。

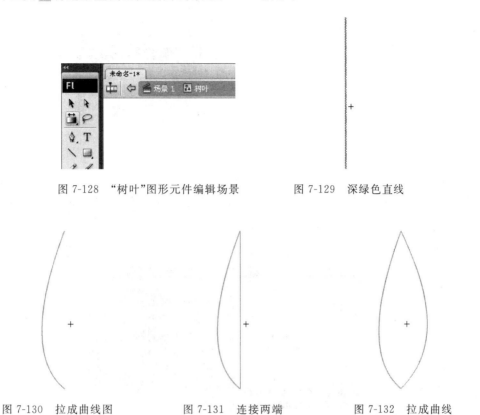

图 7-128　"树叶"图形元件编辑场景　　　　图 7-129　深绿色直线

图 7-130　拉成曲线图　　　　图 7-131　连接两端　　　　图 7-132　拉成曲线

这样,一片树叶的基本形状已经绘制出来了,现在来绘制叶脉,先在两端点间绘制直线,然后拉成曲线,如图 7-133 和图 7-134 所示。再画旁边的细小叶脉,可以用直线,也可以将直线略弯曲,这样,一片简单的树叶就画好了,图 7-135 所示为简单树叶效果图。

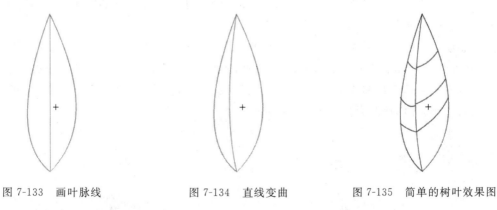

图 7-133　画叶脉线　　　　图 7-134　直线变曲　　　　图 7-135　简单的树叶效果图

① 给树叶上色:接下来要给这片树叶填上颜色。在工具箱中"颜色"选项如图 7-136 所示。

单击"填充色"按钮 🖌🟩 ,弹出一个调色板,同时光标变成吸管状,如图 7-137 所示。

图 7-136　"颜色"选项　　　　　　图 7-137　调色板

说明：除了可以选择调色板中的颜色外，还可以点选屏幕上任何地方，选取所需要的颜色。如果调色板的颜色太少不够选，那么单击调色板右上角的"颜色选择器"按钮 ⬤ ，此时会弹出一个"颜色"对话框，其中有更多的颜色选项，在这里，可以把选择的颜色添加到自定义颜色中，如图 7-138 所示。

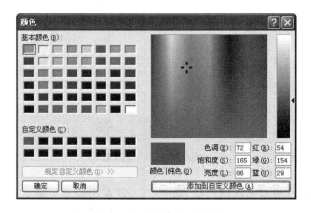

图 7-138　"颜色"对话框

在调色板上选取绿色，单击工具箱中的颜料桶工具 🪣，在画好的叶子上单击一下，填充颜色的效果图如图 7-139 所示。

说明：颜料桶工具 🪣 能在一个封闭的区域中填色。按 Ctrl＋Z 键，取消刚填充的颜色，现在用橡皮擦工具将线条擦出一个缺口，再填充右下角的区域，效果图如图 7-140 所示。残缺线条的两边都填上了颜色。现在树叶图形恢复到使用"橡皮擦工具"进行擦除操作前的状态，可以按两次 Ctrl＋Z 键来实现。

图 7-139　填充颜色后的效果图　　　　图 7-140　擦出缺口后的填充效果图

刚才先填充颜色再画叶脉就省事多了。确实是这样,随着不断的操作,绘图经验将会越来越丰富,填充颜色后的效果图如图 7-141 所示。

至此,树叶图形就绘制好了。执行"窗口"→"库"命令,打开"库"面板,"库"面板中出现一个名称为"树叶"的图形元件,如图 7-142 所示。

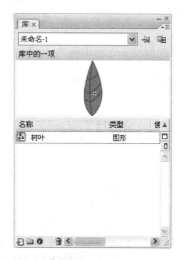

图 7-141　填充颜色后的效果图　　　　图 7-142　"库"面板中的"树叶"图形元件

② 旋转树叶。选择任意变形工具 [图] 后,单击舞台上的树叶,这时树叶被一个方框包围着,中间有一个小圆圈,这是变形点,当进行缩放旋转时,以它为中心,如图 7-143 所示。

变形点是可以移动的。将鼠标移近它,鼠标右下角会出现一个圆圈,按住鼠标拖动,将它拖到叶柄处,便于树叶绕叶柄进行旋转,如图 7-144 所示。再将鼠标移动到方框的右上角,鼠标变成旋转圆弧状 [图],表示这时就可以进行旋转了。向下拖动鼠标,叶子绕变形点旋转,到合适位置时松开鼠标,旋转后的树叶效果图如图 7-145 所示。

图 7-143　选取变形点　　　　　图 7-144　拖动变形点到叶柄处

③ 复制树叶。用选择工具选中"树叶"图形,执行"编辑"→"复制"命令,再执行"编辑"→"粘贴到中心位置"命令,这样就复制出了"树叶"图片,如图 7-146 所示。

④ 变形树叶。将粘贴好的树叶拖到旁边,再用任意变形工具 [图] 进行旋转。且使用任意变形工具时,也可以像使用选择工具一样移动"树叶"的位置。拖动任一角上的缩放手柄,可以将对象放大或缩小。拖动中间的手柄,可以在垂直和水平方向上放大缩小,甚至翻转对象。将树叶适当变形,得到的效果图如图 7-147 所示。

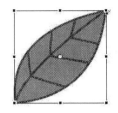

图 7-145 旋转后的树叶效果图   图 7-146 复制出的树叶   图 7-147 缩放树叶后的效果图

说明：任意变形工具的各项功能，也可以执行"修改"→"变形"命令来实现，如图 7-148 所示。

图 7-148 "变形"命令

（4）创建"三片树叶"图形元件。再复制一片树叶，用任意变形工具 ，将三片树叶调整成如图 7-149 所示的形状和位置。

说明：在调整过程中，当调整效果不满意时，也许树叶已经不再处于被选中状态，有时要重新选取整片树叶很困难，这时，可以多使用撤销命令，以恢复选取状态。当然，也可以先新建图层，然后把每片树叶存放到相应的图层中，这样能大大方便树叶的选取。

如图 7-149 所示的"三片树叶"图形创建好以后，将它们全部选中，然后执行"修改"→"转换为元件"命令（或按 F8 键），将它们转换为名字为"三片树叶"的图形元件。把"树叶"元件场景中新增的两片树叶删除。

（5）绘制树枝。以上的绘图操作都是在"树叶"元件编辑场景中完成的，现在返回到"场景 1"，在时间轴的右上角有一个"场景 1"按钮 ，单击它，这样就切换到了"场景 1"。单击"刷子工具" ，选择一种填充色，在工具箱下边的"选项"菜单中，选择"刷子形状"为圆形，"刷子大小"自定，单击 按钮，选择"后面绘画"模式，移动鼠标到场景中，画出树枝形状，如图 7-150 所示。

图 7-149　调整后的树叶形状和位置　　　　　　　　图 7-150　树枝形状

（6）组合树叶和树枝。执行"窗口"→"库"命令（或按 Ctrl＋L 键），打开"库"面板，可以看到，"库"面板中有两个刚制作完的图形元件，分别为"树叶"和"三片树叶"，如图 7-151 所示。单击"树叶"图形元件，将其拖放到场景的树枝图形上，用任意变形工具 进行调整。元件"库"中的元件可以重复使用，只要改变它的大小和方向，就能制作出纷繁复杂的效果来，完成后的树如图 7-152 所示。

图 7-151　"库"面板　　　　　　　　　　图 7-152　完成后的树

思考与练习

1. Flash 有哪些方面的应用？上网查找并下载一些实例，试举例说明之。

2. Flash CS5 的默认界面由哪几个部分组成？打开 Flash 软件熟悉一下各部分的功能。

3. 什么叫帧、图层、元件、实例？举例说明之。

4. 任意变形工具和渐变变形工具分别有什么用途？操作要领是什么？

基本动画制作

★技能目标

能熟练利用 Flash 的逐帧动画、运动补间动画、形状补间动画、运动引导层动画、遮罩动画设计与制作简单动画片段,掌握各种基本动画的制作方法及应用技巧。

★知识目标

(1) 了解动画制作的原理。

(2) 了解各种动画类型及其区别。

(3) 理解各种基本动画的原理。

任务 8.1　逐帧动画——林中散步的女孩

本节知识要点:

(1) 逐帧动画的制作方法。

(2) "绘图纸外观"按钮 的使用方法。

(3) "编辑多个帧"按钮 的使用方法。

(4) "修改绘图纸标记"按钮 的使用方法。

(5) "对齐"面板的使用方法。

(6) 插入帧与删除帧。

8.1.1　案例简介

创意思想:逐帧动画(Frame by Frame)是一种常见的动画形式,其原理是在"连续的关键帧"中分解动画运动,也就是在时间轴的每帧上逐帧绘制不同的内容,使其连续播放而成动画。由于逐帧动画的每一帧都绘制不同的内容,所以制作起来工作量较大、输出的文件也较大,但它的优势也很明显:逐帧动画具有非常大的灵活性,几乎可以表现任何想表现的内容,且它类似于电影的播放模式,很适合于表演细腻的动画。例如,人物或动物急剧转身、头发及衣服的飘动、走路、说话以及精致的 3D 效果等。本例的利用一系列图片序列来表现人走路的动画,图 8-1 所示为林中散步女孩作品演示效果图。

图 8-1　林中散步女孩作品演示效果图

8.1.2　制作流程

准备素材(系列图画)→导入图片→对齐图片→测试动画。

8.1.3　操作步骤

(1) 创建影片文档。执行"文件"→"新建"命令,在弹出的对话框中选择"常规"→"Flash 文档(ActionScript 3.0)"选项后,单击"确定"按钮,新建一个影片文档。在"文档设置"对话框中进行设置,设置文件大小为 550×480 像素,背景色为白色,如图 8-2 所示。

图 8-2　"文档设置"对话框

(2) 修改图层名称。双击"图层 1"的图层名称,将其修改为"背景",如图 8-3 所示。

说明:及时修改图层名称让其与内容相对应,可以更准确快速地找到每个图层中的内容,方便编辑与修改,所以养成一个良好的图层命名习惯是必要的。

（3）导入背景图片。单击"背景"层第一帧,执行"文件"→"导入"→"导入到舞台"命令,将素材包1中的"背景.bmp"图片导入到场景中,选择被导入的背景图片,在"对齐"面板中勾选"与舞台对齐"选项,再单击 ▣ 图标,使图片的大小与舞台大小一致,再单击 ▣ 图标和 ▣ 图标,使图片与舞台垂直对齐和水平对齐,如图8-4所示。选择第16帧,按F5键插入帧,使帧的内容延续到第16帧。

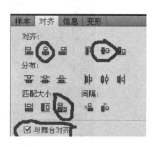

图8-3　修改图层名称　　　　　　　　　图8-4　设置导入的背景图片

（4）导入人物图片。单击时间轴下面的"插入图层"按钮 ▣ ,新建一个图层,并参照步骤（1）把图层名改为"人物"。单击此层第一帧,执行"文件"→"导入"→"导入到舞台"命令,弹出将素材包1中的走路系列图片导入（只需选中"走路1.gif"导入即可）。此时,会弹出一个对话框,如图8-5所示。单击"是"按钮,Flash会自动把gif中的图片序列按序号以逐帧形式导入到场景中,得到的效果图如图8-6所示。

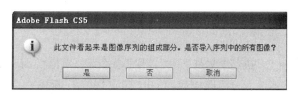

图8-5　导入人物图片对话框

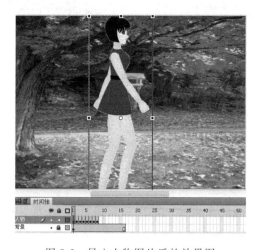

图8-6　导入人物图片后的效果图

(5) 多帧编辑调整对象大小。虽然图片已经导入进来了，但是导入的序列图片大小已经超出了场景范围。可以一帧帧来调整图片大小：先将一幅图缩小，将其位图的宽高值记下，再把其他图片设置成相同坐标值。但是这种做法非常浪费时间，Flash 软件已经为用户准备好了“编辑多个帧”按钮，下面就一起来进行多帧编辑。

单击“背景”图层在“时间轴”面板小黄锁下方的黑点，对此图层进行加锁，如图 8-7 所示。

单击“时间轴”面板下方的“编辑多个帧”按钮，如图 8-8 所示。

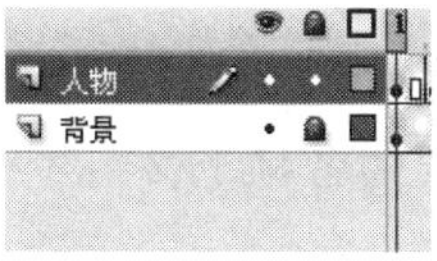

图 8-7　锁定“背景”图层

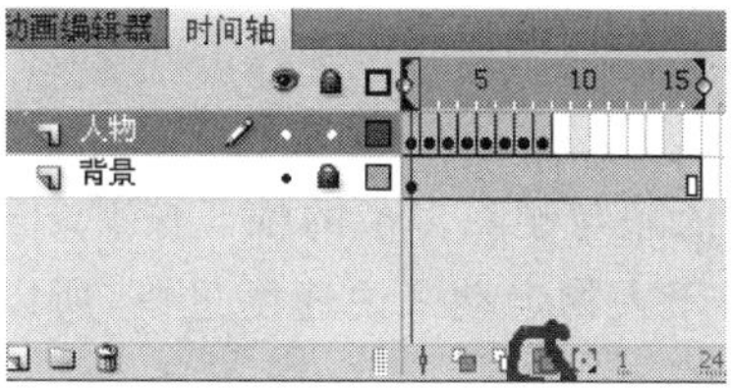

图 8-8　“编辑多个帧”按钮

最后，执行“编辑”→“全选”命令，此时时间轴和场景效果如图 8-9 所示。

在“信息”面板上设置宽为 80 像素，高为 200 像素，按 Enter 键后所有选中的图像变小，“信息”面板如图 8-10 所示。

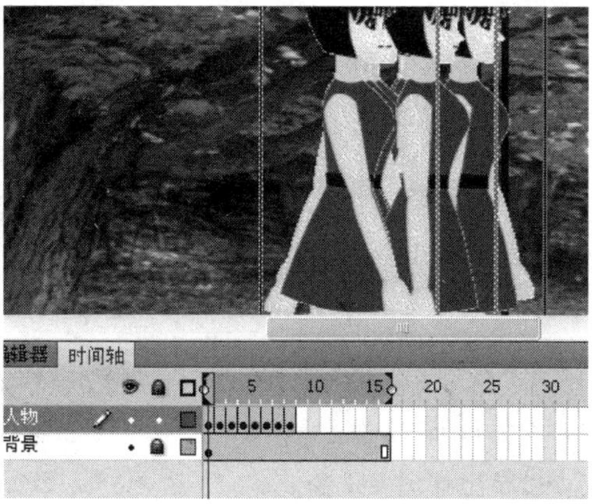

图 8-9　选取多帧编辑

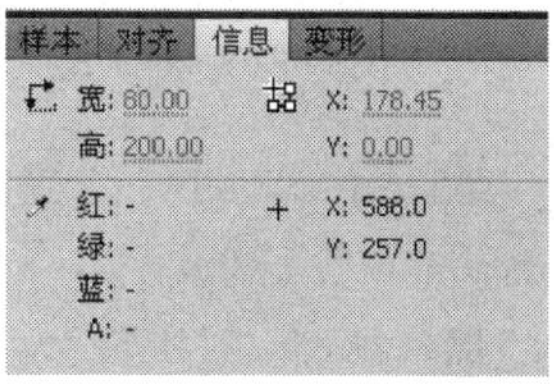

图 8-10　“信息”面板

利用“工具箱”中的“选择工具”将所有图片拖放到场景中央，执行“窗口”→“设置面板”→“对齐”命令(或按 Ctrl+K 键)，在弹出的“对齐”面板中，单击“上对齐”按钮，将所有的图像上方对齐，图 8-11 所示为“对齐”面板。

单击“编辑多个帧”按钮，取消编辑多个帧。再单击“绘图纸外观”按钮，选中每一帧上的位图，利用键盘上的左右方向键移动位图，使所有位图重叠在一起，如图 8-12 所示。单击“绘图纸外观”按钮，取消其多帧查看效果。

说明：在默认状况下，导入的对象被放在场景坐标(0,0)处，而且大小有可能与场景内容不符，所以必须调整其大小并移动它们。

图8-11　"对齐"面板　　　　　　　　图8-12　移动图像使其重叠

（6）插入帧与删除多余的帧。按Ctrl＋Enter键测试一下动画效果会发现，由于一帧一个运动对于人物走动来说速度过快，所以在"人物"图层的各帧上按一下F5键（插入一帧），如图8-13所示。

说明：插入帧的其他两种方法如下：①在"时间轴"插入帧的地方右击，在弹出的快捷菜单中选择"插入帧"命令；②执行"插入"→"时间轴"→"帧"命令。

选中第17～24帧，在"时间轴"上右击，在弹出的快捷菜单中选择"删除帧"命令，将多余的帧删除，如图8-14所示。

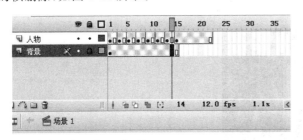

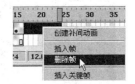

图8-13　将"人物"图层各帧延长一帧　　　　　图8-14　删除多余帧

（7）测试存盘。执行"控制"→"测试影片"命令（或按Ctrl＋Enter键），观察动画效果，如果满意，执行"文件"→"保存"命令，将文件保存成"走路.fla"文件，如果要导出Flash的播放文件，则执行"文件"→"导出"→"导出影片"命令。

至此，一个在林中散步的漂亮女孩逐帧动画就制作完成了（参见素材包1）。

8.1.4　课堂讲解

在前面的"操作步骤"中，利用实例讲解了"对齐"面板中的上对齐功能，利用导入静态图片创建逐帧动画的方法，还讲解了"绘画纸"里的"绘图纸外观"按钮 ▣、"编辑多个帧"按钮 ▣、"修改绘图纸标记"按钮 ▣ 的使用方法。下面详细地讲解一下"绘画纸"的功能、"对齐"面板的应用，并归纳总结创建逐帧动画的方法。

1. "绘画纸"的功能

"绘画纸"功能是一个帮助定位和编辑动画的辅助功能，这个功能对制作逐帧动画特别有用。在通常情况下，Flash 在舞台中一次只能显示动画序列的单个帧。使用"绘画纸"功能后，就可以在舞台中一次查看两个或多个帧了。

图 8-15 所示是使用"绘画纸"功能后的场景，可以看出，当前帧中内容用全彩色显示，其他帧内容以半透明显示，它看起来好像所有帧内容是画在一张半透明的绘图纸上，且这些内容相互层叠在一起。

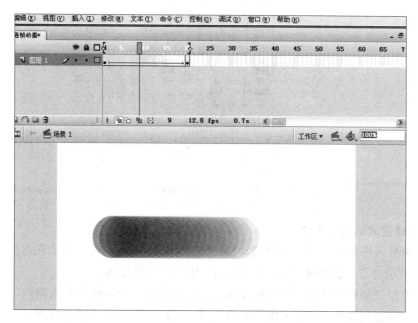

图 8-15 使用"绘画纸"功能后的场景

"绘画纸"各个按钮的功能如下。

(1)"绘图纸外观"按钮 ：按下此按钮后，在时间帧的上方，出现 绘图纸外观标记。拉动外观标记的两端，可以扩大或缩小显示范围。

(2)"绘图纸外观轮廓"按钮 ：按下此按钮后，场景中将显示各帧内容的轮廓线，填充色消失，特别适合观察对象轮廓，另外可以节省系统资源，加快显示过程。

(3)"编辑多个帧"按钮 ：按下此按钮后，可以显示全部帧内容，并且可以进行多帧同时编辑。

(4)"修改绘图纸标记"按钮 ：按下此按钮后，弹出菜单，菜单中有以下选项。

① "总是显示标记"选项：会在时间轴标题中显示绘图纸外观标记，无论绘图纸外观是否打开。

② "锚定绘图纸"选项：会将绘图纸外观标记锁定在它们在时间轴标题中的当前位置。在通常情况下，绘图纸外观范围是和当前帧的指针以及绘图纸外观标记相关的。通过锚定绘图纸外观标记，可以防止它们随当前帧的指针移动。

③ "绘图纸 2"选项：会在当前帧的两边显示 2 个帧。

④ "绘图纸 5"选项：会在当前帧的两边显示 5 个帧。

⑤ "绘制全部"选项：会在当前帧的两边显示全部帧。

2. "对齐"面板的应用

使用"对齐"面板,可以对编辑区中多个对象进行排列、分布、匹配大小、调整间隔等操作,使布局整齐美观,图8-16所示为"对齐"面板。

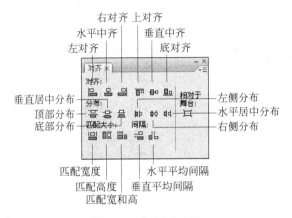

图8-16　"对齐"面板

3. 创建逐帧动画的方法

(1) 用导入的静态图片建立逐帧动画:用 JPG、PNG 等格式的静态图片连续导入到 Flash 中,就会建立一段逐帧动画(参考实例:林中散步的女孩)。

(2) 绘制矢量逐帧动画:用鼠标或压感笔在场景中一帧一帧的画出帧内容。

(3) 文字逐帧动画:用文字作帧中的元件,实现文字跳跃、旋转等特效。

(4) 指令逐帧动画:在"时间帧"面板上,逐帧写入运动脚本语句来完成元件的变化。

(5) 导入序列图像:可以导入 gif 序列图像、swf 动画文件或者利用第三方软件(如 Swish、Swift 3D 等)产生的动画序列。

任务8.2　形状补间动画——变形

本节知识要点:

(1) 创建形状补间动画。

(2) 将文字转变为形状。

(3) 添加形状提示。

8.2.1　案例简介

形状补间动画是 Flash 中非常重要的表现手法之一,运用它可以变幻出各种奇妙的、不可思议的变形效果。本学习任务从形状补间动画基本概念入手,认识形状补间动画在时间帧上的表现,了解补间动画的创建方法,学会应用"形状提示"让图形的形变自然流畅,利用形状补间动画实现形状的改变,形状补间动画效果图如图8-17所示。

图 8-17　形状补间动画效果图

8.2.2　制作流程

新建文档→绘制矢量图，插入关键帧→绘制新的矢量图→创建补间动画→测试动画。

8.2.3　制作步骤

（1）新建文档。执行"文件"→"新建"命令，在弹出的对话框中选择"常规"→"Flash
文档（ActionScript 2.0）"选项后，单击"确定"按钮，新建一个影片文档，如图 8-18 所示，其
他设置为默认值。

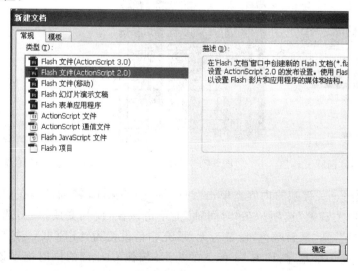

图 8-18　新建一个影片文档

（2）保存文件。执行"文件"→"新建"命令，在弹出的"另存为"对话框中，选择保存文件的文件夹，输入文件名"形状变形动画"，如图8-19所示。

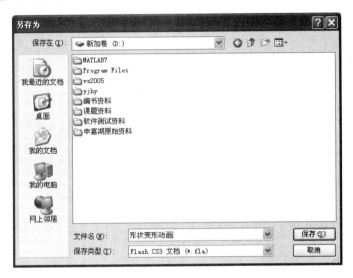

图8-19　"另存为"对话框

（3）创建第1个关键帧的内容：绘制矢量图并调整位置和大小，单击"时间轴"上的第一关键帧，让其变成黑色。选择工具栏中的"椭圆工具"，如图8-20所示，在"颜色"选项卡中单击"笔触颜色"按钮　，弹出如图8-21所示调色板，单击　按钮，把"笔触颜色"颜色设置为无，填充颜色设置为♯0099FF。按住Shift键的同时在场景中间拖动鼠标，绘制一个圆。单击该圆以选中圆，在属性栏的高、宽和X、Y中输入如图8-22所示数值。

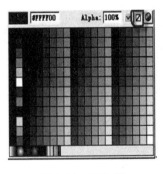
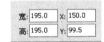

图8-20　选择"椭圆工具"　　　　图8-21　调色板　　　　图8-22　圆的位置及大小设置

（4）创建另一关键帧的内容。单击"时间轴"上的第10帧，右击，在弹出的对话框中选中"插入空白关键帧"选项。在"时间轴"上单击该帧，使其变成黑色，选中工具栏中的"基本矩形工具"，把"笔触颜色"设置为无，填充颜色设置为♯FF66CC，按住Shift键的同时在场景中绘制一个宽、高均为72像素的矩形，按住Ctrl键的同时拖动该矩形，复制出一个同样的矩形，用同样的方法再继续复制7个矩形。至此，舞台上共有9个矩形，利用

"对齐"面板,把这 9 个矩形均匀地排成 3 行 3 列,图 8-23 所示为排列后的矩形。

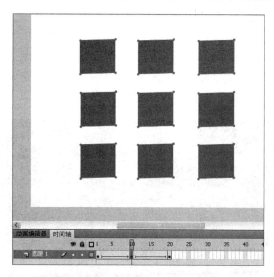

图 8-23 排列后的矩形

　　(5) 创建第 3 个关键帧。单击"时间轴"上的第 20 帧,使其变成黑色后,右击,在弹出的对话框中选择"插入空白关键帧"选项;选中第 1 关键帧右击,在弹出的快捷菜单中选择"复制帧";选中第 20 帧,使其变成黑色,右击,在弹出的快捷菜单中选择"粘贴帧"选项,使第 20 帧的内容跟第 1 帧的一致。

　　(6) 创建形状补间动画。右击"时间轴"上的第 1～10 帧之间的任意一个帧,在弹出的菜单中选择"创建形状补间"选项,如图 8-24 所示。这样,在 1～10 帧之间就建立了一个形状补间动画。同样,单击"时间轴"上的第 10～20 帧之间的任意一个帧,在属性栏的"补间"一栏旁边的下拉列表中选择"形状"选项,在第 10～20 帧之间也建立了一个形状补间动画,得到的最终效果图如图 8-25 所示。

图 8-24 创建形状补间

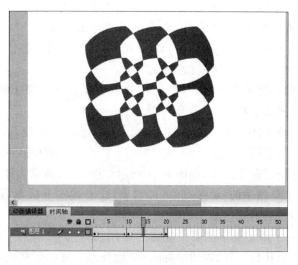

图 8-25 最终效果图

8.2.4　添加形状提示练习

为得到流畅自然的形状变形动画,可以添加形状提示,本例是专为此而设计的练习。先看看下面的范例效果图如图 8-26 所示。这两个同样是"形状变形",其中右边的变形用了变形"参考点",从中可以看出变形效果有明显的差异。

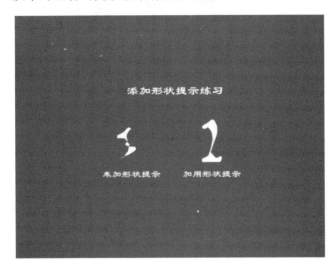

图 8-26　范例效果图

(1) 创建新文档。执行"文件"→"新建"命令,新建一个影片文档,设置舞台尺寸为 300×200 像素,设置背景色为♯9933FF。

(2) 创建变形对象。要在场景中的舞台上输入两个数字"1",让它们同时变形,一个加形状提示,一个不加形状提示,看看这两个变形有什么不同。先在"图层 1"的场景左边输入数字"1",在"属性"面板中,设置文本格式为静态文本,字体为隶书,字号为 100,颜色为白色。再建一个"图层 2",在场景右边输入数字"1",参数设置同上,此层是添加形状提示层。然后,在两个图层的第 40 帧处添加关键帧,各输入数字"2",在第 60 帧处添加普通帧,使变形后的文字稍做停留。

(3) 把字符转为形状。逐一选取各层数字的第 1 帧、第 40 帧,执行"修改"→"分离"命令,把数字打散,转为形状。

(4) 创建补间动画。在"图层 1"和"图层 2"的第一帧处分别建立形状补间动画。

(5) 添加形状提示。选择"图层 2"的第 1 帧和第 40 帧,执行"修改"→"形状"→"添加形状提示"命令两次,如图 8-27 所示。图 8-28 所示为添加形状提示的第 1 帧和第 40 帧。确认工具箱中的"对齐对象"按钮 处于被按下状态,调整第 1 帧、第 40 帧处的形状提示,调整后的状态提示如图 8-29 所示。

(6) 添加文字说明。新建一个图层,在两个渐变的下面分别写上"未加形状提示"、"加用形状提示"的说明。在第 60 帧处加普通帧。至此,这个实例制作完成,测试一下,看看效果,就能体会到添加形状提示的巧妙之处了。

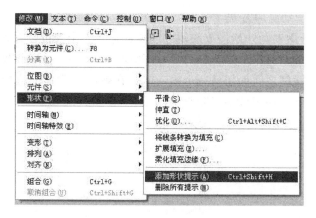

图 8-27　"添加形状提示"菜单项

图 8-28　添加形状提示的第 1 帧和第 40 帧　　　　图 8-29　调整后的形状提示

8.2.5　课堂讲解

1. 形状补间动画的概念

（1）形状补间动画的概念

在一个关键帧中绘制一个形状，然后在另一个关键帧中更改该形状或绘制另一个形状，Flash 根据二者之间的帧的值或形状来创建的动画被称为形状补间动画。

（2）构成形状补间动画的元素

形状补间动画可以实现两个图形之间颜色、形状、大小、位置的相互变化，其变形的灵活性介于逐帧动画和运动补间动画二者之间，使用的元素多为用鼠标或压感笔绘制出的形状，如果使用图形元件、按钮、文字，则必先"打散"才能创建变形动画。

（3）形状补间动画在"时间轴"面板中的表现

形状补间动画建好后，"时间轴"面板的背景色变为淡绿色，在起始帧和结束帧之间有一个长长的箭头，如图 8-30 所示。

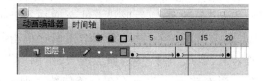

图 8-30　形状补间动画在"时间轴"面板中的标记

2. 创建形状补间动画的方法

在"时间轴"面板中动画开始播放的地方创建或选择一个关键帧并设置要开始变形的形状,一般一帧中以一个对象为好,在动画结束处创建或选择一个关键帧并设置要变成的形状,再单击两个关键帧之间的任何一个帧,右击,在弹出的菜单中选择"创建补间形状"命令,这样一个形状补间动画就创建完毕。

3. 认识形状补间动画的"属性"命令面板

Flash 的"属性"面板随鼠标选定的对象不同而发生相应的变化。当建立了一个形状补间动画后,单击帧,其形状补间动画的"属性"面板如图 8-31 所示。

图 8-31　形状补间动画的"属性"面板

形状补间动画的"属性"面板上有如下两个选项。

(1)"缓动"选项

单击其右边的数值,直接输入具体的数值,设置后,形状补间动画会随之发生相应的变化。

在−1～−100 的负值之间,动画运动的速度从慢到快,朝运动结束的方向加速补间;在 1～100 的正值之间,动画运动的速度从快到慢,朝运动结束的方向减慢补间。默认情况下,补间帧之间的变化速率是不变的。

(2)"混合"选项

在"混合"选项中有两个选项供选择:"角形"选项,创建的动画中间形状会保留明显的角和直线,适合于具有锐化转角和直线的混合形状;"分布式"选项,创建的动画中间形状比较平滑和不规则。

4. 使用"形状提示"功能

形状补间动画看似简单,实则不然,当 Flash 在计算两个关键帧中图形的差异时,远不如人们想象中的"聪明",尤其当前后图形差异较大时,变形结果会显得乱七八糟。这时,"形状提示"功能会大大改善这一情况。

(1)"形状提示"的作用是在"起始形状"和"结束形状"中添加相对应的"参考点",使 Flash 在计算变形过渡时依一定的规则进行,从而较有效地控制变形过程。

(2)添加"形状提示"的方法。先在形状补间动画的开始帧上单击一下,再执行"修改"→"形状"→"添加形状提示"命令,该帧的形状上就会增加一个带字母的"提示圆圈"。相应的,在结束帧的形状上也会出现一个"提示圆圈",用鼠标单击并分别按住这两个"提示圆圈",放置在适当位置,当安放成功时,开始帧上的"提示圆圈"会变为黄色,结束帧上的"提示圆圈"会变为绿色;当安放不成功或不在一条曲线上时,"提示圆圈"颜色不变,图 8-32 所示为添加"形状提示"后各帧的变化效果图。

说明:在制作复杂的变形动画时,"形状提示"的添加和拖放要多方位尝试,每添加一

A A A B

图 8-32　添加"形状提示"后各帧的变化效果图

个"形状提示",最好播放一下变形效果,然后再对"形状提示"的位置做进一步的调整。

5. 添加"形状提示"的技巧

(1)"形状提示"可以连续添加,最多能添加 26 个。将"形状提示"从形状的左上角开始按逆时针顺序摆放,将使"形状提示"工作得更有效。

(2)"形状提示"的摆放位置也要符合逻辑顺序。例如,若起点关键帧和终点关键帧上各有一个三角形,则使用 3 个"形状提示",如果它们在起点关键帧的三角形上的顺序为 abc,那么在终点关键帧的三角形上的顺序也应是 abc,而不能是 acb。

(3)"形状提示"只有在形状的边缘时才能起作用,在调整形状提示位置前,要选择工具栏中"选项"下面的"吸附开关"工具 ,这样,会自动把"形状提示"吸附到边缘上,如果发觉"形状提示"仍然无效,则可以用工具栏中的"缩放工具" 单击形状,放大到足够大,以确保"形状提示"位于图形边缘上。

(4)另外,要删除所有的"形状提示",可执行"修改"→"形状"→"删除所有提示"命令。要删除单个"形状提示",则可用鼠标右击它,在弹出的快捷菜单中选择"删除提示"命令。

任务 8.3　传统补间动画——弹跳的小球

本节知识要点:

(1)传统补间动画的概念。

(2)形状补间动画和传统补间动画的区别。

(3)创建传统补间动画的方法。

(4)传统补间动画的"属性"面板。

8.3.1　案例简介

传统补间动画也是 Flash 中非常重要的表现手段之一,与形状补间动画不同的是传统补间动画的对象必须是"元件"或"群组对象"。运用传统补间动画,可以设置元件的大小、位置、颜色、透明度、旋转等属性,充分利用运动补间动画这些特性,可以制作出令人眼花缭乱的动画效果。例如,用传统补间动画表现小球从上往下落,着地时球产生变形,跳起时又恢复原状的过程,效果图如图 8-33 所示。

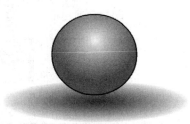

图 8-33　跳动的小球效果图

8.3.2　制作流程

新建文档→制作"小球"元件→制作"阴影"元件→在场景中新建"阴影"图层→在场景中完成"小球"图层→测试动画。

8.3.3　操作步骤

(1) 新建影片文档。执行"文件"→"新建"命令,在弹出的面板中选择"常规"→"Flash 文档(ActionScript 3.0)"选项后,单击"确定"按钮,新建一个影片文档。

(2) 创建小球元件。执行"插入"→"新建元件"命令,新建一个图形元件,名称为ball,图 8-34 所示为"创建新元件"对话框。选中工具栏中的"椭圆工具",设置笔触颜色为黑色,执行"窗口"→"颜色"命令,在出现的"颜色"面板中,单击"类型"右边的三角按钮,选择"径向渐变",颜色设置成从白色(♯FFFFFF)到橘黄色(♯FF9900)的渐变,如图 8-35所示。按住 Shift 键的同时拖动鼠标在舞台上画一个圆。

图 8-34　"创建新元件"对话框

(3) 创建阴影元件。执行"插入"→"新建元件"命令,新建一个图形元件,名称为shadow。选中工具栏中的椭圆工具,设置笔触颜色为无,执行"窗口"→"颜色"命令,在出现的"颜色"颜色面板中,单击"类型"右边的下三角按钮,选择"径向渐变",颜色设置成从灰色(♯666666)到白色(♯FFFFFF)的渐变,如图 8-36 所示。按住 Shift 键的同时拖动鼠标在舞台上画一个圆。

图 8-35　颜色设置(1)

图 8-36　颜色设置(2)

（4）创建图层。在场景中把"图层 1"的名称改为"阴影"，选中第 1 帧，执行"窗口"→"库"命令，打开"库"面板，在"库"面板中把元件 shadow 拖到舞台上，单击"时间轴"面板左下方的"插入图层"按钮，新建一个图层，并把图层名改为"ball"，选中"ball"图层中的第 1 帧，在"库"面板中把 ball 元件拖动到场景中，调整 ball 的位置，使其位于 shadow 的正上方，选中工具栏中的"任意变形工具"，把"阴影"图层中 shadow 进行变形，得到的效果图如图 8-37 所示。

分别在两个图层中的第 20 帧中添加关键帧，选中"球"图层中第 20 关键帧，把 ball 往下移，跟 shadow 接触。选中"阴影"中的第 20 帧，把 shadow 变形放大，调整后的第 20 帧效果图如图 8-38 所示。

选中"球"图层中的第 25 帧添加关键帧，把 ball 变形成椭圆形。在第 30 帧添加关键帧，把 ball 重新恢复成圆形。在第 50 帧添加关键帧，把"ball"再移动到第一关键帧的位置。选中图层"阴影"中的第 30 帧和第 50 帧，分别添加关键帧。选中第 50 关键帧，利用任意变形工具把 shadow 变形，得到的效果图如图 8-39 所示。

图 8-37　把"阴影"图层中 shadow 进行变形后的效果　　图 8-38　调整后的第 20 帧的效果图

（5）创建补间动画。选中"阴影"图层，在第 1～20 关键帧之间的任意一个帧单击，然后右击，在弹出的菜单中选择"创建传统补间"命令，如图 8-39 所示。以同样的方法在其余的几个关键帧间建立传统补间动画。创建传统补间动画后的时间轴如图 8-40 所示。

 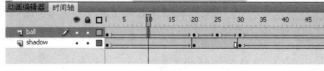

图 8-39　选择"创建传统　　　图 8-40　创建传统补间动画后的时间轴
　　　　　补间"命令

（6）测试动画。执行"控制"→"测试影片"命令，观看影片效果。

8.3.4　课堂讲解

1. 传统补间动画的概念

（1）传统补间动画的概念

在一个关键帧上放置一个元件，然后在另一个关键帧改变这个元件的大小、颜色、位置、透明度等,Flash 根据二者之间的帧的值创建的动画被称为传统补间动画。

(2) 构成传统补间动画的元素

构成传统补间动画的元素是元件,包括影片剪辑、图形元件、按钮、文字、位图、组合等,但不能是形状,只有把形状"组合"或者转换成"元件"后才可以做传统补间动画。

(3) 传统补间动画在"时间轴"面板上的表现

当传统补间动画建立后,"时间轴"面板的背景色将变为淡紫色,在起始帧和结束帧之间有一个长长的箭头,如图 8-41 所示。

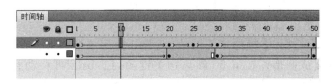

图 8-41　传统补间动画在"时间轴"面板上的表现

(4) 形状补间动画和传统补间动画的区别

形状补间动画和传统补间动画都属于补间动画。前后各有一个起始帧和结束帧,二者之间的区别如表 8-1 所示。

表 8-1　不同动画的时间轴图标及其意义

图标及名称	意　义
●————————→	动作补间动画是在起始关键帧用一个黑色圆点指示,中间的补间帧有一个浅蓝色背景的黑色箭头
●————————→	形状补间动画是在起始关键帧用一个黑色圆点表示,中间的帧有一个浅绿色背景的黑色箭头
●- - - - - - - - -	虚线表示补间是断的或不完整的,如最后的关键帧丢失了
●——————□	单个关键帧用一个黑色圆点表示。单个关键帧后面的浅灰色帧包含着相同的内容,没有任何变化,并有一条黑线,在这个范围中的最后一个帧还有一个中空的矩形

(5) 创建传统补间动画的方法

在"时间轴"面板中动画开始播放的地方创建或选择一个关键帧并设置一个元件,且一帧中只能放一个项目,在动画要结束的地方创建或选择一个关键帧并设置该元件的属性,右击两个关键帧之间的任意帧,在弹出的菜单中选择"创建传统补间动画"命令,就建立了传统补间动画。

2. 认识传统补间动画的"属性"面板

在时间轴的"传统补间动画"的起始帧上单击,帧"属性"面板会变成如图 8-42 所示。

(1) "缓动"选项

单击"缓动"选项右边的数值,直接在文本框中输

图 8-42　传统补间动画"属性"面板

入具体的数值,设置完后,传统补间动画效果会随之作出相应的变化:在−1～−100 的负值之间,动画运动的速度从慢到快,朝运动结束的方向加速补间;在 1～100 的正值之间,动画运动的速度从快到慢,朝运动结束的方向减慢补间。默认情况下,补间帧之间的变化速率是不变的。

(2)"旋转"选项

有 4 个选择,选择"无"选项(默认设置)可禁止元件旋转;选择"自动"选项可使元件在需要最小运动的方向上旋转对象一次;选择"顺时针"(CW)选项或"逆时针"(CCW)选项,并在后面输入数字,可使元件在运动时顺时针或逆时针旋转相应的圈数。

(3)"调整到路径"复选框

将补间元素的基线调整到运动路径,此项功能主要用于引导线运动,在下个学习任务中会介绍此功能。

(4)"同步"复选框

使图形元件实例的动画和主时间轴同步。

(5)"对齐"选项

可以根据其注册点将补间元素附加到运动路径,此项功能主要也用于引导线运动。

任务 8.4　运动引导层动画——蝴蝶飞舞

本节知识要点:
(1)引导层和被引导层。
(2)创建引导路径动画的方法。
(3)应用引导路径动画的技巧。

8.4.1　案例简介

前面几个学习任务里介绍了一些动画效果,如跳动的小球、风吹文字等,这些动画的运动轨迹都是直线的,可是在生活中,有很多运动是弧线或不规则的,如月亮围绕地球旋转、鱼儿在大海里遨游等,这就要用到"引导路径动画"功能。将一个或多个层链接到一个运动引导层,使一个或多个对象沿同一条路径运动的动画形式被称为"引导路径动画"。这种动画可以使一个或多个元件完成曲线或不规则运动。本例利用 GIF 动画作为背景图层,影片剪切元件作为运动对象,利用运动引导层设计制作蝴蝶在流动的溪水旁飞舞的情景如图 8-43 所示。

图 8-43　蝴蝶在流动的溪水旁飞舞的情景

8.4.2　制作流程

素材准备→新建文档→导入素材→制作元件→创建动画层→创建引导层→调整对象→测试影片。

8.4.3　操作步骤

(1)新建影片文档。执行"文件"→"新建"命令,在弹出的面板中选择"常规"→"Flash文档(ActionScript 3.0)"选项后,单击"确定"按钮,新建一个影片文档。

(2)导入素材。把"图层1"的名称改成"背景",执行"文件"→"导入"→"导入到库"命令,导入作为背景的gif图片,在"库"面板中,把导入的GIF拖动到场景中,并调整背景大小,在第60帧处插入帧,并给该图层加锁。

(3)创建蝴蝶元件。执行"插入"→"新建元件"命令,在弹出的"新建元件"对话框中输入名称"Butterfly",类型设置为"影片剪切",在第1关键帧导入蝴蝶图片,在第3帧、第5帧处分别添加关键帧,选中第3帧,用任意变形工具 对蝴蝶图片进行宽度缩小,最后每个帧的内容如图8-44所示。

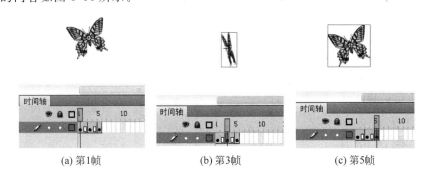

(a)第1帧　　　　　　　(b)第3帧　　　　　　　(c)第5帧

图8-44　Butterfly元件3个关键帧的内容

(4)创建动画层。回到"场景1",新建一个图层,并把图层的名称改为"蝴蝶1",从"库"面板中把Butterfly拖动到舞台上,并在第60帧处添加关键帧。

(5)创建运动引导层。选中"蝴蝶1"图层,右击,在弹出的菜单中选中"添加传统运动引导图层"命令,在该图层上用"铅笔工具"绘制运动轨迹,如图8-45所示,并给该图层加锁。

(6)制作引导动画。选择"蝴蝶1"图层,并给其解锁,选中第1关键帧,单击"蝴蝶",把它的中心点跟运动轨迹的起点对齐,如图8-46所示,再选择第60关键帧,把"蝴蝶"移到运动轨迹的终点,并把它的中心点跟轨迹终点对齐。在第1帧和第60帧之间创建传统补间动画。测试动画,就有一只蝴蝶沿着运动轨迹翩翩起舞了。

(7)重复步骤(4)~(6),用同样的方法再制作"蝴蝶2"图层及相应的运动引导图层、"蝴蝶3"图层及相应的引导图层,甚至更多的蝴蝶动画,那么就有2只、3只甚至更多只蝴蝶沿着不同的运动轨迹起舞了。图8-47所示是3只蝴蝶制作完成后的图层情况。

图 8-45 运动轨迹

图 8-46 使运动轨迹起点与"蝴蝶"的中心点对齐

图 8-47 3 只蝴蝶制作完成后的图层情况

8.4.4　课堂讲解

1. 创建引导路径动画的方法

（1）创建引导层和被引导层

一个最基本的"引导路径动画"由两个图层组成，上面一层是引导层，它的图层图标为 ，下面一层是被引导层，其图层图标为 ▢，同普通图层一样。若在普通图层上右击，在弹出的菜单中选择"添加传统运动引导图层"命令，则该层的上面就会添加一个引导层 ▧，同时该普通层将缩进成为被引导层，如图 8-48 所示。

（2）创建引导层和被引导层中的对象

由于引导层是用来指示元件运行路径的，所以引导层中的内容可以是用钢笔、铅笔、线条、椭圆工具、矩形工具或画笔工具等绘制出的线段。而被引导层中的对象是跟着引导线走的，可以使用影片剪辑、图形元件、按钮、文字等，但不能应用形状。由于引导线是一种运动轨迹，因此不难想象，被引导层中最常用的动画形式是运动补间动画，当播放动画时，一个或数个元件将沿着运动路径移动。

（3）向被引导层中添加元件

"引导路径动画"最基本的操作就是使一个运动动画"附着"在引导层上。所以，操作时应特别注意"引导线"的两端，被引导的对象起始、终点的两个"中心点"一定要对准"引导线"的两个端头，如图 8-49 所示。此外，"元件"中心的"十字星"正好对着线段的端头，这一点也非常重要，它是引导线动画顺利运行的前提。

图 8-48　引导路径动画

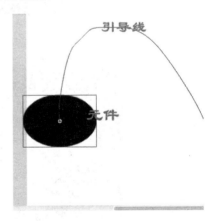

图 8-49　元件中心的"十字星"对准引导线

2. 应用引导路径动画的技巧

（1）被引导层中的对象在被引导运动时，还可作更细致的设置，如运动方向，在"属性"面板中，选中"调整到路径"复选框，对象的基线就会调整到运动路径。而如果选中"同步"复选框，则元件的注册点就会与运动路径对齐，图 8-50 所示为引导路径动画的"属性"面板。

（2）引导层中的内容在播放时是看不见的，利用这一特点，可以单独定义一个不含被引导层的引导层,该引导层中可以放置一些文字说明、元件位置参考等,此时引导层的图标为  。

（3）在做引导路径动画时,单击工具箱中的"对齐对象"按钮 ,可以使"对象附着于引导线"的操作更容易成功,拖动对象时,对象的中心会自动吸附到路径端点上。

（4）过于陡峭的引导线可能使引导动画失败,而平滑圆润的线段则有利于引导动画的成功制作。

（5）当向被引导层中放入元件时,在动画开始和结束的关键帧上,一定要让元件的注册点对准线段的开始和结束的端点,否则无法引导,如果元件为不规则形状,则可以单击工具箱中的"任意变形工具"按钮 ,调整注册点。

（6）如果想解除引导,可以把被引导层拖离引导层,或在图层区的引导层上右击,在弹出的快捷菜单中选择"属性"命令,在"图层属性"对话框中选择"一般"选项,作为正常图层类型,如图 8-51 所示。

图 8-50　引导路径动画的"属性"面板

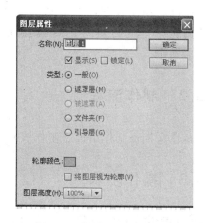

图 8-51　"图层属性"对话框

（7）如果想让对象做圆周运动,可以在引导层中画一根圆形线条,再用橡皮擦工具擦去一小段,使圆形线段出现两个端点,再把对象的起始、终点分别对准端点即可。

（8）引导线允许重叠,如螺旋状引导线,但在重叠处的线段必须保持圆润,从而让Flash 能辨认出线段走向;否则,会使引导失败。

任务 8.5　遮罩动画——画轴效果

本节知识要点:
（1）遮罩层的概念。
（2）遮罩层和被遮罩层。
（3）利用遮罩制作画轴展开的效果。
（4）利用遮罩制作流体的动感效果。

8.5.1 案例简介

在 Flash 的作品中,常常看到很多眩目神奇的效果,而其中不少就是用最简单的"遮罩"完成的,如水波、万花筒、百叶窗、放大镜、望远镜等。这些效果都可以用"遮罩"来实现。

本例主要将两个极具金属质感的画轴并排在一起,然后下面的画轴逐渐下落,就像人用手逐渐展开画卷一样,最后出现一幅古典的画面,并配以古典的音乐,其界面如图 8-52 所示。其中,画轴是综合应用矩形工具、椭圆工具、任意变形工具、混色器等绘制而成的,而画卷展开的动画是通过运动动画和遮罩动画来实现的。通过本实例的练习,可以巩固 Flash 动画的基础知识和基本操作。

图 8-52 画轴界面

8.5.2 制作流程

新建文档→制作画轴→制作展开画卷的动画→测试动画。

8.5.3 操作步骤

(1) 新建文档。新建一个文件,将背景大小设为 360×550 像素,背景颜色设为暗红色。

(2) 制作画轴。画轴由两个大小不一的矩形和两个半圆组合而成,为了达到画轴的真实效果,将其颜色设为由白至深灰色的金属质感效果。下面用 3 个图层来分别放置画轴的几部分。

① 创建画轴元件:执行"插入"→"新建元件"命令,创建一个名为"画轴"的图形元件。在元件中用矩形工具绘制一个矩形,并选择矩形的填充色,在"颜色"选项的下拉列表框中选择"线性"选项,将左右两侧的色标颜色均设为深灰色,在两个色标之间单击创建一个色标,并设置颜色为白色,这样即可使矩形呈现出金属质感。

② 选择矩形的边框,在"属性"面板中设置其线条颜色为浅灰色,然后选中整个矩形,将其移动到编辑区的中间位置,得到的效果图如图 8-53 所示。

③ 新建一个图层"图层 2",用相同的方法在矩形的左边创建一个小矩形,其颜色设置与大矩形完全相同,然后将其复制一份,并放置在大矩形的右边,得到的效果图如图 8-54 所示。

图 8-53 画轴效果图(1)   图 8-54 画轴效果图(2)

④ 锁定"图层 1",选择"图层 2"第 1 帧中的矩形,在"属性"面板中将其宽设为 170,高设为 20,在"对齐"面板中将矩形相对场景中心对齐。

⑤ 新建一个图层"图层 3",单击椭圆工具 ◯,在场景中绘制一个适当大小的圆,将边框设为浅灰色,在"颜色"面板中将填充色设为由白至深灰色的放射状渐变。

⑥ 单击选择工具 ▶,选择椭圆的右半部分,将其移动到编辑区的另一空白位置,然后单击墨水瓶工具 ◎,将线条颜色设为浅灰色,单击椭圆两部分的右边缘和左边缘,填充其颜色为浅灰色。

⑦ 将分开的两个半圆分别放置在两个小矩形的两边,如图 8-55 所示。

图 8-55　将分开的两个半圆分别放置在两个小矩形的两边

(3) 制作展开的画卷效果。展开画卷的效果主要通过画轴下落过程中的遮罩动画来实现。

① 导入图片:单击图标回到场景中,执行"文件"→"导入"→"导入到舞台"命令,导入图片"美女.jpg",并将其放置在恰当的位置。

② 新建"图层 2",从"库"面板中将元件"画轴"拖入场景中,并将其放在画卷的上边缘,得到的效果图如图 8-56 所示。

③ 选中"图层 1",单击"插入图层"按钮 🔁,新建一个图层"图层 3",单击矩形工具 ▢,在"属性"面板中将线条颜色设为无,填充色设为黑色,在场景中绘制一个矩形,使矩形刚好能遮住画轴下面画卷露出的部分,并将其转换为图形元件,如图 8-57 所示。

图 8-56　画轴放在画卷上边缘的效果

图 8-57　放入遮罩

④ 在"时间轴"中选择所有图层的第 50 帧,按 F5 键沿用帧,选中"图层 3"的第 50 帧,按 F6 键插入关键帧,再选中第 1 帧,将矩形的高设为 1 像素,并在第 1 帧和第 50 帧之间创建补间动画,然后将"图层 3"转换成遮罩层,图层情况如图 8-58 所示。

⑤ 选中"图层 2"的第 1 帧,并复制该帧。新建一个图层"图层 4",选中"图层 4"的第 1 帧,右击,在弹出的快捷菜单中选择"粘贴"命令,将画轴粘贴过来,并移到如图 8-59 所示最终效果图的位置。

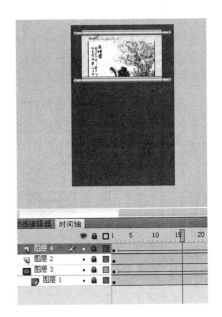

图 8-58　将"图层 3"转换成遮罩层后的图层情况　　　　图 8-59　最终效果图

⑥ 在第 50 帧处插入关键帧,将其移至画卷下方,并覆盖画卷的下边缘,然后在第 1 帧和第 50 帧之间创建补间动画。

(4) 测试动画。按 Ctrl+Enter 键测试动画。

8.5.4　课堂讲解

1. 遮罩动画的概念

(1) 遮罩动画的概念

遮罩动画是 Flash 中的一个很重要的动画类型,很多效果丰富的动画都是通过遮罩动画来完成的。在 Flash 的图层中有一个遮罩图层类型,为了得到特殊的显示效果,可以在遮罩层上创建一个任意形状的"视窗",遮罩层下方的对象可以通过该"视窗"显示出来,而"视窗"之外的对象将不会显示。

(2) 遮罩的用途

在 Flash 动画中,遮罩主要有两种用途:一种是用在整个场景或一个特定区域,使场景外的对象或特定区域外的对象不可见;另一种是用来遮罩住某一元件的一部分,从而实现一些特殊的效果。

2. 创建遮罩的方法

(1) 创建遮罩

在 Flash 中,没有一个专门的按钮来创建遮罩层,遮罩层其实是由普通图层转化而成的。只要在某个图层上右击,在弹出菜单中选择"遮罩层"命令,使命令的左边出现一个小勾,该图层就会生成遮罩层,"层图标"就会从普通层图标 变为遮罩层图标 ,系统会自动把遮罩层下面的一层关联为"被遮罩层",在缩进的同时图标变为,如果想关联更多层被遮罩,只要把这些层拖到被遮罩层下面就行了,图层情况如图 8-60 所示。

图 8-60　多层遮罩动画图层情况

（2）构成遮罩和被遮罩层的元素

① 遮罩层中的图形对象在播放时是看不到的,遮罩层中的内容可以是按钮、影片剪辑、图形、位图、文字等,但不能使用线条,如果一定要用线条,可以将线条转化为"填充"。

② 被遮罩层中的对象只能透过遮罩层中的对象被看到。在被遮罩层,可以使用按钮、影片剪辑、图形、位图、文字、线条等。

（3）遮罩中可以使用的动画形式

可以在遮罩层、被遮罩层中分别或同时使用形状补间动画、传统补间动画、引导线动画等动画手段,从而使遮罩动画变成一个可以施展无限想象力的创作空间。

3. 应用遮罩时的技巧

（1）遮罩层的基本原理如下：能够透过该图层中的对象看到被遮罩层中的对象及其属性（包括它们的变形效果）,但是遮罩层中的对象中的许多属性如渐变色、透明度、颜色和线条样式等却是被忽略的。例如,不能通过遮罩层的渐变色来实现被遮罩层的渐变色变化。

（2）要在场景中显示遮罩效果,可以锁定遮罩层和被遮罩层。

（3）可以用 Actions 运动语句建立遮罩,但这种情况下只能有一个被遮罩层。同时,不能设置_Alpha 属性。

（4）不能用一个遮罩层试图遮蔽另一个遮罩层。

（5）遮罩可以应用在 GIF 动画上。

（6）在制作过程中,遮罩层经常挡住下层的元件、影响视线、无法编辑,可以通过单击遮罩层"时间轴"面板的"显示图层轮廓"按钮■,使之变成□,使遮罩层只显示边框形状。在这种情况下,可通过拖动边框来调整遮罩图形的外形和位置。

（7）在被遮罩层中不能放置动态文本。

项目实训

实训 1　电子表

实训要求：利用逐帧动画制作如图 8-61 所示的电子表动画。

操作步骤如下。

（1）新建文档。创建一个新文档,文档大小保持默认设置。然后,在舞台中绘制一个电子表如图 8-62 所示。

（2）新建图层。单击"时间轴"上的"插入图层"按钮 ,创建一个新图层"图层 2",如图 8-63 所示。

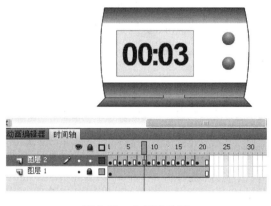

图 8-61　电子表动画

（3）锁定图层。单击"图层1"上的第二个黑色小圆点，锁定"图层1"，原先的圆点会变成小锁图标，如图8-64所示。

图 8-62　绘制的电子表　　　　图 8-63　创建一个新图层　　　　图 8-64　锁定"图层1"

（4）输入数字。单击"图层2"，使该图层处于当前编辑状态。选择工具栏中的文本工具，在舞台中输入数字，如图8-65所示。

（5）设置文字属性。使用选择工具，选中舞台中的文字，然后打开"属性"面板，在该面板中设置合适的字体和字号。这里，将字体设置成 Arial，字号设置为50，并且设置成粗体字，文字属性设置如图8-66所示。

图 8-65　输入数字　　　　　　　　图 8-66　文字属性设置

（6）打散文字。使用选择工具，将文字移动到电子表的显示区域中心位置，保持数字的选中状态,按 Ctrl+B 键,将文字打散成单个数字组。

(7) 扩展帧。单击"图层 1"上的第 21 帧,按 F5 键插入一个帧,使该图层上的图形从第 1～21 帧始终保持不变。

(8) 插入关键帧。选择"图层 2"上的第 3 帧,按 F6 键插入一个关键帧,如图 8-67 所示。然后,在舞台上将最后一个数字更改为"1",如图 8-68 所示。

在"图层 2"的第 5 帧上按 F6 键插入一个关键帧,然后在舞台中将最后一个数字更改为"2",如图 8-69 所示。

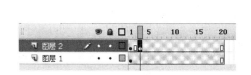

图 8-67　插入关键帧　　　　　　　　　　　　图 8-68　修改数字 1

(9) 插入其他关键帧。依照第(8)步的方法,在"图层 2"的第 7 帧、第 9 帧、第 11 帧、第 13 帧、第 15 帧、第 17 帧和第 19 帧上插入关键帧,分别将这几个帧的数字依次从"3"开始修改,完成后的效果如图 8-70 所示。

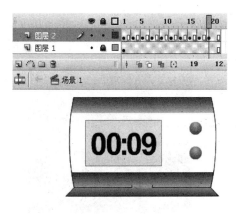

图 8-69　修改数字 2　　　　　　　　　　　图 8-70　插入关键帧并修改数字后的效果

(10) 测试动画。在"图层 2"的第 21 帧上按 F5 键插入一个帧,一个电子表动画就制作完成了。按 Ctrl+Enter 键预览最终效果,秒表上的数字会随着时间变化。

实训 2　喜庆节日

实训要求:为了烘托节日的喜气,找一幅绚丽多彩的图片当背景,利用"矢量工具"制作五彩灯笼,利用形状补间动画把五彩灯笼转换成文字,图 8-71 所示为完成后的喜庆节日实例画面。

操作步骤如下。

（1）创建新文档。执行"文件"→"新建"命令,在弹出的对话框中选择"常规"→
"Flash 文档"选项后,单击"确定"按钮,新建一个影片文档,在"文档设置"对话框中设置
文件大小为 550×480 像素,设置背景色为白色,如图 8-72 所示。

图 8-71　完成后的喜庆节日实例画面　　　　图 8-72　"文档设置"对话框

（2）创建"背景"图层。执行"文件"→"导入"→"导入到舞台"命令,将名为"节日夜
色.jpg"的图片导入到场景中,选择第 80 帧,按键盘上的 F5 键,增加一个普通帧,图 8-73
所示为插入背景图片后的效果图。

（3）创建灯笼形状。

① 准备工作:新建一个图层,并将其重新命名为"灯笼一"。执行"窗口"→"颜色"命
令,打开"颜色"面板,设置各项参数,并设置渐变的颜色为白色到红色,如图 8-74 所示。

图 8-73　插入背景图片后的效果图　　　　图 8-74　"颜色"面板设置(1)

② 画灯笼主体:选择工具箱中的椭圆工具 ,设置笔触颜色为无,在场景中绘制出
一个椭圆作灯笼的主体,设置其大小为 65×40 像素。

③ 画灯笼上下的边:打开"颜色"面板,按照如图 8-75 所示设置深黄色到浅黄色的
"线性渐变"填充。从左到右 3 个填充色块的颜色值分别为♯FF9900、♯FFFF00、
♯FFCC00。

④ 选择工具箱中的矩形工具 ,设置笔触颜色为无,绘制出一个矩形,大小为

30×10像素,复制这个矩形,分别放在灯笼的上下方,再画一个小的矩形,长宽为 7×10 像素,作为灯笼上面的提手。

⑤ 画灯笼下半边:最后用"线条工具" 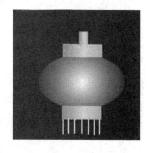,在灯笼的下面画几条黄色线条作灯笼穗,一个漂亮的灯笼就画好了,图 8-76 所示为画好的灯笼(为了能清楚地显示灯笼,可暂时将背景色改为蓝色)。

图 8-75   "颜色"面板设置(2)   图 8-76   画好的灯笼

(4)复制粘贴 4 个灯笼。复制刚画好的灯笼,新建 3 个图层,在每个图层中粘贴一个灯笼,并调整灯笼的位置,使其错落有致地排列在场景中。在第 20 帧和第 40 帧处为各图层添加关键帧,如图 8-77 所示。

图 8-77   在第 20 帧处为图层添加关键帧

（5）把文字转为形状取代灯笼。选取"灯笼一"图层的第 40 帧处，使用文本工具 **T** 。在"属性"面板中，设置文本类型为静态文本，字体为隶书，字体大小为 100，颜色随意，在舞台上输入文字"过"。选取文字"过"，执行"修改"→"分离"命令，把文字转为形状，并填充上艳丽一点的色彩。

依照以上步骤，分别把灯笼二、灯笼三、灯笼四图层中在第 40 帧处的相应内容用"节"、"了"、"!"取代另外 3 个灯笼，其效果图如图 8-78 所示。

图 8-78   用文字形状取代灯笼形状及文字打散后的效果图

（6）设置文字形状到灯笼形状的转变。在灯笼一、灯笼二、灯笼三、灯笼四各图层的第 60 帧及第 80 帧处，分别添加关键帧，把第 80 帧处各"灯笼"图层中的内容为"文字图形"替换成"灯笼"。

（7）创建形状补间动画。在"灯笼"各图层的第 20 帧和第 60 帧处单击帧，然后右击，在弹出的快捷菜单中选择"创建补间形状"命令，如图 8-79 所示，建立补间形状动画。

（8）测试动画。按 Ctrl＋Enter 键预览最终效果。

图 8-79   选择"创建补间形状"命令

实训 3   翻页效果

实训要求：根据素材库中提供的素材，制作传统补间动画，表现翻页效果，如图 8-80 所示。

操作步骤如下。

（1）创建"图层 1"。前 30 帧放置"图片 2"，后 30 帧放置"图片 3"。

（2）创建"图层 2"。在第 1 关键帧上放置"图片 1"。在第 30 关键帧上把"图片 1"水

图 8-80 翻页效果

平翻转一下。注意,水平翻转时要把中心点放在左边线上,如图 8-81 所示。再用"任意变形工具"把它稍往上倾斜一点,如图 8-82 所示。在第 1 帧和第 30 帧之间创建传统补间动画。在第 31 关键帧上放置"图片 3"。

图 8-81 水平翻转时要把中心点放在左边线上　　　　图 8-82 中心点在边缘线上并稍往上倾斜

(3) 创建"图层 3"。在第 31 帧上放置"图片 2",在第 60 关键帧上把它水平翻转,并用"任意变形工具"把它略为向左上方倾斜,如图 8-83 所示。注意,把中心点放在左边线上,在第 30 帧和第 60 帧之间创建运动补间动画。

图 8-83 图片向左上方倾斜

（4）测试动画。按 Ctrl＋Enter 键，测试动画效果。

实训 4　黄果树瀑布

实训要求：把黄果树风景照片作为背景，利用遮罩动画制作瀑布的动态效果，最终效果图如图 8-84 所示。

图 8-84　黄果树瀑布最终效果图

操作步骤如下。

（1）新建影片文档。新建一个宽 550 像素 ，高 400 像素，帧频为 12fps，背景为蓝色（♯0000FF）的 Flash 文档。

（2）编辑图层中的第 1 帧。选中第 1 帧，执行"文件"→"导入"→"导入到舞台"命令，把背景图片导入，并设置大小调整位置，锁定"图层 1"。

（3）编辑"图层 2"的第 1 帧。

① 新建并复制图帧：新建图一个图层"图层 2"，并把"图层 1"的第 1 帧复制到"图层 2"的第 1 帧。选中"图层 2"中的第 1 帧上的图片，按右方键 1 次，把"图层 2"中的图片跟"图层 1"中的图片往右错开一个像素，并把"图层 1"设置为不可见。

② 擦除非水部分：选中"图层 2"中的第 1 帧中的图片，按 Ctrl＋B 键，打散图片。用"套索工具"和"橡皮工具"，擦除图片中非水部分，擦除后的效果图如图 8-85 所示。然后，锁定"图层 2"。

（4）制作遮片。

① 制作矩形：在"图层 2"上方新建一个图层，并把它命名为"遮片"，在"遮片"图层选"矩形工具"，设置笔触颜色为无，填充颜色为红，在选中第 1 帧画一个矩形，并在属性中设置高为 560 像素，宽为 6 像素，把矩形条置于保留图形上方，并相对舞台水平居中对齐。

② 复制矩形：不断复制上面制作的矩形，并把这些矩形全都选中，利用"对齐"面板，使其水平居中对齐，垂直平均间隔均匀排列，得到的效果图如图 8-86 所示。

图 8-85 擦除后的效果图

图 8-86 遮片排列后的效果图

③ 转换为元件：选中全部矩形，执行"修改"→"转换为元件"命令，在弹出的"转换为元件"对话框中，选择元件类型为图形，输入元件名为"遮片"，如图 8-87 所示。最后，单击"确定"按钮。

图 8-87 "转换为元件"对话框

（5）编辑"遮片"图层。

① 调整"遮片"位置：选中"遮片"图层中的第 1 帧，调整"遮片"的位置，使它的下边框跟背景图片的下边框对齐，如图 8-88 所示。

② 添加关键帧：在"遮片"图层的第 100 帧上添加关键帧，在"图层 1"和"图层 2"的第 100 帧处分别插入帧。选中"遮片"图层第 100 帧处的"遮片"，把它往下移，使其某一矩形片的下边框对齐背景的下边框，如图 8-89 所示。

图 8-88 遮片位置排列(1)

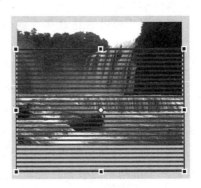

图 8-89 遮片位置排列(2)

(6)实现遮罩。选中"遮片"图层的第1关键帧,右击,在弹出的菜单中选中"创建传统补间"命令。然后,在"遮片"图层上右击,在弹出的快捷菜单中选择"遮罩层"命令,遮罩效果便完成了,这时的"时间轴"外观及舞台画面如图8-90所示。

图8-90　遮罩完成后的"时间轴"外观及舞台画面

(7)测试、存盘、发布。执行"控制"→"测试影片"命令,测试影片。在测试过程中,如果发现瀑布效果不明显,可以调整"图层2"中的图片位置,既可以左右调也可以上下调。"图层2"和"图层1"上图片的位置错开,但又不能错开大太,如果错开太大可能会使瀑布因锯齿状太明显而失真。经过调整,一定会达到满意的效果。最后,执行"导出"→"导出影片"命令,发布影片,导出影片文件。

思考与练习

一、概念题

1. 插入关键帧的方法有哪些?插入普通帧的方法有哪些?普通帧跟关键帧的区别是什么?

2. 逐帧动画的原理是什么?

3. 可以采用哪些方法让多个帧的画面对齐?

4. 逐帧动画里的关键帧是不是要一个紧挨着一个中间不能有间隔?

5. 形状提示是什么?最多允许使用多少个形状提示关键点?

6. 删除帧与清除帧的区别是什么?

7. 补间动画有哪几种类型?每种类型的补间特点是什么?

8. 缓动值的设置对补间动画有何影响?

9. 利用传统补间动画可以实现元件的哪些属性改变?

10. 一个最基本的引导路径动画是由哪几个图层组成的?

11. 在制作引导层动画时,为了能使元件顺利地沿着引导线运动,非常关键的一项操作是什么?

12. 当引导层图标为 🐾 和 ✎ 时，分别代表什么意思？

13. 什么是遮罩？遮罩有什么用？

14. 遮罩层中的内容可以是哪些？被遮罩层中的内容又可以是哪些？线条可不可以直接当作遮罩层中的内容？

15. 遮罩层的原理是什么？

二、操作题

1. 体操运动。

利用素材里提供的系列图片制作体操运动的逐帧动画，得到的效果图如图 8-91 所示。

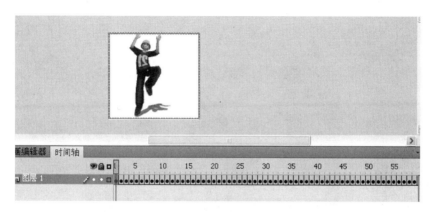

图 8-91 逐帧动画效果图

（1）实训资料。

65 幅系列图片。

（2）操作步骤简介。

本题的操作步骤可以模仿"林中散步的女孩"进行，少了一个背景图层，多了几个关键帧，基本步骤可归纳如下。

① 新建文件。

② 导入系列图片。

③ 多帧编辑调整对象大小。

④ 测试存盘。

2. 盛开的雪莲花。

利用绘制矢量逐帧动画法制作盛开的雪莲花如图 8-92 所示（请参考下载资源中的范例源文件）。

3. 文字逐帧动画。

利用文字逐帧动画制作文字跳跃、旋转特效，操作步骤及效果学生自行设计。

4. 滴墨水。

利用形状补间动画来表现墨水从钢笔中滴下来落在信封上慢慢散开的过程，效果图如图 8-93 所示。

图 8-92　盛开的雪莲花

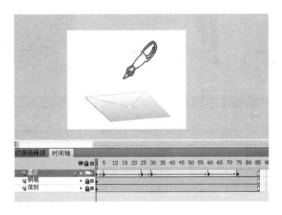

图 8-93　滴墨水效果图

　　操作流程提示：新建文档→把"图层 1"改名为"信封"→绘制信封→新建"钢笔"图层→绘制钢笔→新建"墨水"图层→绘制墨水→添加关键帧→改变墨水在各关键帧中的形状→创建形状补间动画。创建的图层及关键帧如图 8-94 所示。

图 8-94　创建形状补间动画后的图层及关键帧

5. 过山车动画。

本实训内容可以根据素材里提供的源文件，让学生模仿制作，图 8-95 所示为过山车的最终效果图。

图 8-95　过山车的最终效果图

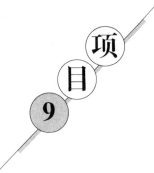

文 字 特 效

★技能目标

(1) 能熟练制作 Flash 彩色文字空心文字。

(2) 能熟练运用传统动画、形状补间动画设计并制作运动文字。

(3) 能熟练运用遮罩动画设计并制作屏幕字效果。

(4) 能熟练运用运动引导层动画设计并制作以文字为路径的动画效果。

★知识目标

(1) 掌握文本工具的使用。

(2) 理解墨水瓶工具的应用。

(3) 理解油漆桶工具的应用。

任务 9.1　三棱文字制作

本节知识要点：

(1) 文本工具的应用。

(2) 文本属性的设置。

(3) 文本填充。

(4) 空心文字的制作。

9.1.1　案例简介

本作品是利用文字制作简单的动画,显示文字轮转的效果,制作过程比较简单,难点在于其创意。作品最终效果如图 9-1 所示。

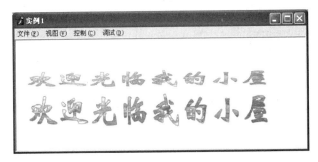

图 9-1　三棱文字制作最终效果

9.1.2　制作流程

新建文档→创建"五彩文字"元件→创建补间动画。

9.1.3　操作步骤

（1）新建文档。执行"文件"→"新建"命令，在弹出的对话框中选择"常规"→"Flash 文档（ActionScript 2.0）"选项后，单击"确定"按钮，新建一个影片文档。

（2）创建"文字"元件。

① 创建新元件。执行"插入"→"新建元件"命令，在弹出的"创建新元件"对话框中，选择元件类型为图形，输入元件名称为"文字"，单击"确定"按钮。

② 输入文字。在文字元件编辑窗口中，选择文本工具 **T**，设置文字大小为 80 号，字体为华文新魏，在舞台中输入"欢迎光临我的小屋"，图 9-2 所示为输入整体文字后的效果图。

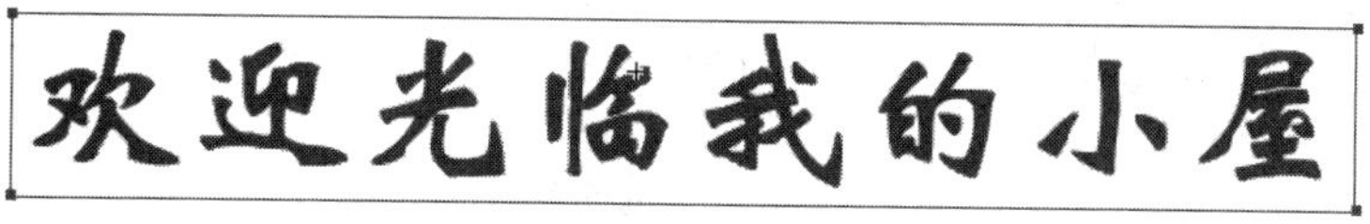

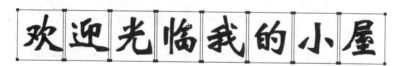

图 9-2　输入成整体文字后的效果图

③ 打散文字：按 Ctrl＋B 键，把整排文字分解成一个个独立的文字，如图 9-3 所示，再一次按 Ctrl＋B 键把每一个文字打散，如图 9-4 所示。

欢迎光临我的小屋

图 9-3　打散单个文字

欢迎光临我的小屋

图 9-4　单个文字进一步打散

④ 制作空心文字：选择墨水瓶工具，在"属性"面板中设置笔触粗细、笔触颜色、笔触类型，如图 9-5 所示。用"墨水瓶工具"单击各个文字，给每个文字都描上边框线，图 9-6 所示为描边后的文字。删除文字内部的颜色，如图 9-7 所示。

⑤ 给文字填充缤纷颜色：执行"文件"→"导入"→"导入到舞台"命令，把素材中的图片导入进来，如图 9-8 所示。按 Ctrl＋B 键打散图片，并把空心文字拖动到图片上，如图 9-9 所示。删除文字以外的图片内容，最后形成如图 9-10 所示的花色文字。

库
属性
墨水瓶工具
填充和笔触
笔触:
1.00
样式:
实线
缩放:
一般
提示
端点:
接合:
尖角:3.00

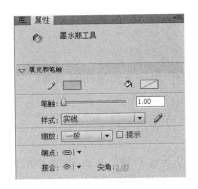

图 9-5 墨水瓶工具属性设置

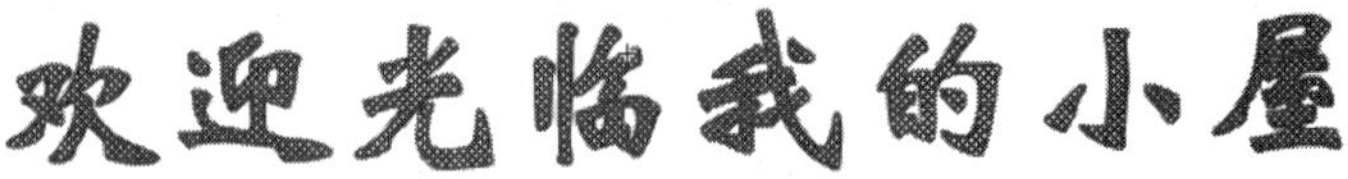
欢迎光临我的小屋

图 9-6 描边后的文字

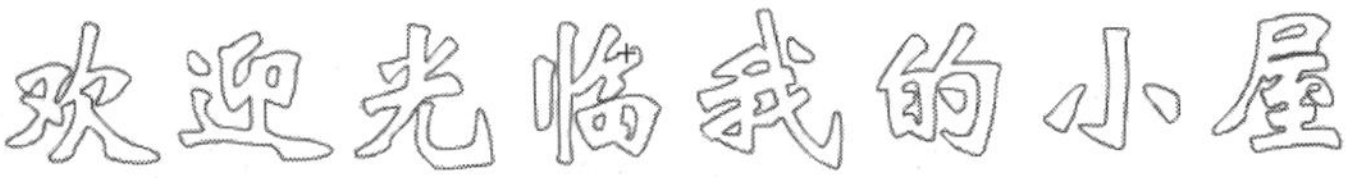
欢迎光临我的小屋

图 9-7 删除内部的颜色后的文字

欢迎光临我的小屋

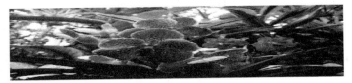

图 9-8 导入图片

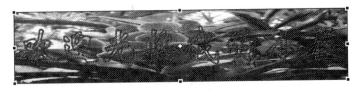

图 9-9 把空心文字拖动到图片上

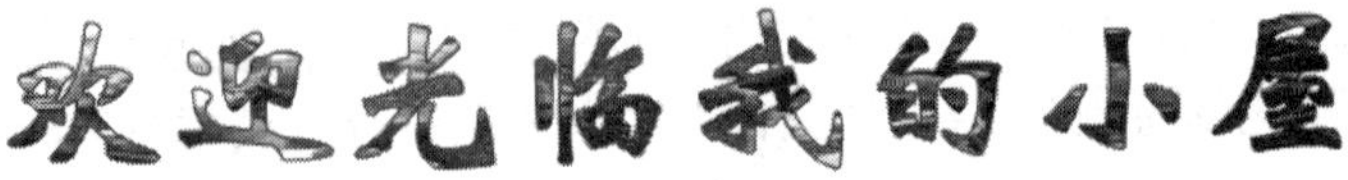
欢迎光临我的小屋

图 9-10 完成后的花色文字

（3）创建传统补间动画。

①"图层 1"动画：回到场景中，将"库"中的文字元件拖到舞台。在第 30 帧中插入关键帧，再选择第 1 帧。然后，在保持"文字"元件被选中的情况下，单击任意变形工具 ![图标]，将元件的调整节点拖到下边线上。然后，把元件从下往上拖动，使得元件的高度变小，再调节元件的透明度为 5% 或者更低。调整后的效果如图 9-11 所示。然后，在两帧间创建补间动画。

②"图层 2"动画：依照此方法，新建"图层 2"。这里跟"图层 1"中的方法相反。在"图层 1"中是对第 1 帧中的元件调整高度以及透明度。而在"图层 2"中，则是对第 30 帧中的元件调整透明度以及高度。把"图层 2"中的第 30 帧中的元件放在偏下的位置，如图 9-12 所示。

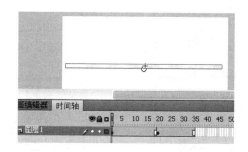

图 9-11　调整后第 1 关键帧的元件效果

图 9-12　第 30 帧的元件

（4）测试运行。按 Ctrl＋Enter 键，测试动画效果。

9.1.4　课堂讲解

1. 主要操作：文本工具、文本工具的属性面板

动画离不开文字部分，在 Flash 软件中提供了专业的文本工具，这里介绍 Flash 的文本工具和文本工具的属性面板。

在工具箱中选择了文本工具后，将调出它的属性面板，如图 9-13 所示。在该属性面板中可以对文本进行如下操作：设置文本的字体、字体大小、样式和颜色；设置字符与段落；设置文本超链接等。

传统文本的类型：在"文本工具"一栏中选择"传统文本"选项后，单击其下面一个文本框，将弹出如图 9-14 所示的静态文本、动态文本、输入文本 3 种文本类型。

图 9-13　文本工具"属性"面板　　　　　　图 9-14　文本类型

2.　文字打散

选中文字组，按 Ctrl＋B 键，把文字组分解成单个文字，再按 Ctrl＋B 键把单个文字打散成图形。以上操作也可以通过执行"修改"→"分离"命令实现。只有打散后的文字图形才能利用墨水瓶工具进行描边，然后利用"渐变色"或"位图"来进行填充。

任务 9.2　字幕的制作

本节知识要点：

(1) 遮罩和被遮罩。

(2) 把文字当作遮罩层制作变色文字。

(3) 把文字当作被遮罩层制作卡拉 OK 屏幕字。

9.2.1　案例简介

在网页的制作过程中，经常经用到对文字进行特殊处理以引起人们的注意，本例利用遮罩层来产生文字的变幻效果，制作过程不是很复杂，关键还在于创意。本例最终效果图如图 9-15 所示。

图 9-15 完成字幕制作后的最终效果图

9.2.2 制作流程

新建文档→制作"人跑"元件→制作"文字"元件→制作→"边框"元件→编辑图层→设置遮罩→测试。

9.2.3 操作步骤

(1)创建新文档。执行"文件"→"新建"命令,在弹出的对话框中选择"常规"→"Flash 文档(ActionScript 3.0)"选项后,单击"确定"按钮,新建一个影片文档。把背景颜色设置成黑色,帧频设置成 24fps。

(2)制作"人跑"元件。执行"插入"→"新建元件"命令,在弹出的"创建新元件"对话框中,选择元件类型为"影片剪切",输入元件名称为"人跑",单击"确定"按钮。利用逐帧动画制作"人跑"元件。

(3)制作"文字"元件。新建一个图形元件,命名为"文字",选择文本工具,输入文字,如图 9-16 所示,并按 Ctrl＋B 键打散文字。

图 9-16 应输入的文字内容

（4）制作"边框"元件。新建一个图形元件,命名为"边框",在该元件中绘制如图 9-17 所示边框。

图 9-17   边框

（5）编辑"边框"图层。回到场景 1,把"图层 1"的名称改为"边框",选中第 1 帧,把 "边框"元件拖至舞台中的上部,再拖动"边框"元件到舞台的下部,得到的效果图如图 9-18 所示,并在第 100 帧插入帧。

（6）编辑"人物"图层。新建一个图层,并把它的名称改为"人物",把"人跑"元件拖动到舞台中,并在它下面输入文本"THE END"。完成文本输入后的效果图如图 9-19 所示。

图 9-18   移动"边框"的效果图

图 9-19   完成文本输入后的效果图

（7）编辑"背景"图层。新建一个图层,命名为"背景",从素材中导入一幅图片到舞台,并调整其大小;或者绘制一个矩形,并为它填上五彩缤纷的颜色如图 9-20 所示。

（8）编辑"文字"图层。新建一个图层,命名为"文字",在第 1 帧处插入关键帧,把"文字"元件拖动到舞台的下边缘以下,如图 9-21 所示,在第 100 帧处插入关键帧,把文字移到舞台的中间如图 9-22 所示。在第 1 帧、第 100 帧之间创建补间动画,并把本图层移到 "背景"图层之上。右击该图层,在弹出的快捷菜单中选择"遮罩层"选项,把该图层设为遮罩层,如图 9-23 所示。

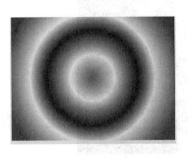

图 9-20   填上五彩缤纷颜色后的效果

图 9-21   第 1 关键帧文字的位置

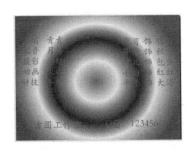

图 9-22　第 100 关键帧文字的位置

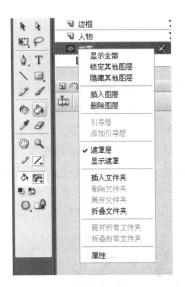

图 9-23　设置遮罩层

（9）测试运行。按 Ctrl＋Enter 键，测试运行该动画。作品完成后的图层情况如图 9-24 所示。

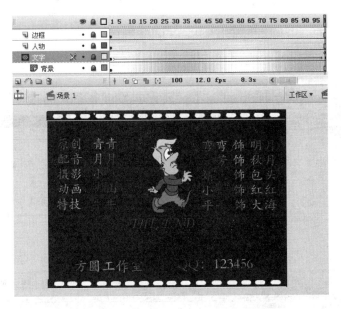

图 9-24　作品完成后的图层情况

9.2.4　课堂讲解

1. 文字遮罩

文字不能直接作为遮罩内容，要把它打散后才能当作遮罩物。这样，播放时文字所呈现出的颜色跟文字原来的颜色无关,而跟被遮罩层的颜色一样。从而,可以设计与制作变色文字。

2. 文字被遮罩

当文字当作被遮罩层时,可以不用打散,是否要打散要根据需要而定。利用遮罩物的不同移动效果可以制作成不同效果的卡拉 OK 屏幕字。例如,本例由 3 个图层组成,其中底色文字层和被遮罩层里的文字大小和位置都得重合,只是颜色不一样,如图 9-25、图 9-26 所示。遮罩层里设置一个矩形由短变长的逐帧动画,第 1 帧的矩形最短,以每隔 5 个帧设置一个关键帧,在第 5 关键帧把矩形长度伸长到能遮住一个文字,第 10、15、20、25、30、35、40、45、50 帧分别把矩形的长度伸长到能遮住 2、3、4、5、6、7、8、9、10 个文字,如图 9-27～图 9-30 所示。最终效果如图 9-31 所示。

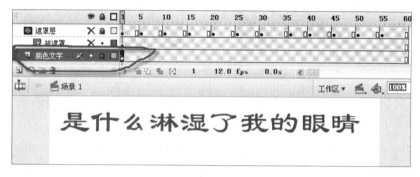

图 9-25 底色文字层

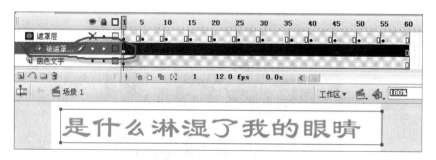

图 9-26 被遮罩层

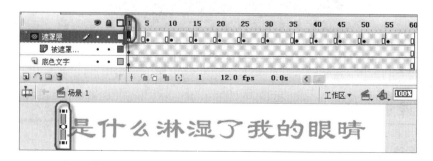

图 9-27 遮罩层第 1 帧

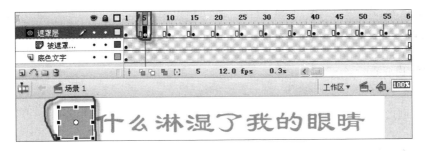

图 9-28 遮罩层第 5 帧

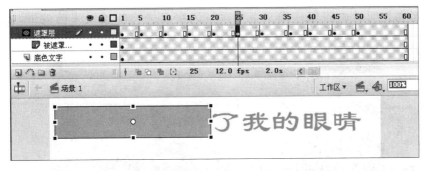

图 9-29 被遮罩层第 25 帧

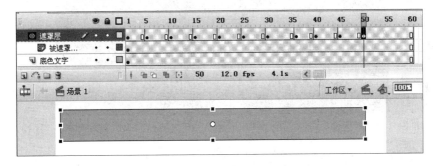

图 9-30 被遮罩层第 50 帧

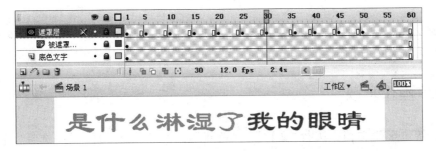

图 9-31 最终效果图

任务 9.3　风吹文字效果

本节知识要点:
(1) 分散到层。
(2) 透明度设置。

9.3.1　案例简介

利用运动补间动画制作一排文字依次被风吹出去又陆续回来的效果,如图 9-32
所示。

图 9-32　风吹文字的效果图

9.3.2　制作流程

新建文档→导入背景→添加文字→分散到层→编辑文字→创建被风出去的效果→创
建被吹回来的效果→测试动画。

9.3.3　操作步骤

(1) 新建影片文档。执行"文件"→"新建"命令,在弹出的面板中选择"常规"→
"Flash 文档(ActionScript 3.0)"选项后,单击"确定"按钮,新建一个影片文档。

(2) 导入背景。把"图层 1"的名称改成"背景",导入图片,并调整其大小,选中第
80 帧,插入关键帧。最后,给该图层加锁。

（3）添加文字。新建一个图层"图层 2"，选择文字工具，在属性栏中设置字体为隶书，字号为 70，颜色随意。在舞台上输入"风吹草低见牛羊"。选中文字执行"修改"→"分离"命令，把整行文字打散成一个一个独立的文字。选中所有文字，执行"修改"→"时间轴"→"分散到层"命令，时间轴上会自动创建"风"、"吹"、"草"、"低"、"见""牛"、"羊" 7 个层，分散到层后的时间轴，如图 9-33 所示。然后，删除"图层 2"。

（4）编辑文字。首先把除了"风"之外的其他所有图层都加锁，选中图层"风"中的文字，执行"修改"→"分离"命令，将文字再一次打散。填充上自己喜爱的颜色，再选中"风"，执行"修改"→"转换为元件"命令，在弹出的"转换为元件"对话框中，类型选择"图形"，输入元件名称为"风"，单击"确定"按钮，如图 9-34 所示。这样，就把上了色后的"风"字转换为元件。

图 9-33　分散到层后的时间轴

图 9-34　"转换为元件"对话框

（5）创建文字被吹出去动画。

① 设置另一个关键帧：在第 20 帧添加关键帧，选中该帧中的"风"字，把它移到右上方，再执行"修改"→"变形"→"水平翻转"命令，并用任意变形工具 ，把它倾斜一定角度。在属性栏中把它的"色彩效果"旁边的列表 Alpha 的值设为 10%，如图 9-35 所示。

② 创建补间动画：选图层"风"中第 1～20 关键帧中的任一帧，右击，在弹出的快捷菜单中选择"创建传统补间"命令，如图 9-36 所示。这样，就在第 1～20 帧之间建成了把文字"风"吹出去的效果。

图 9-35　设置元件的 Alpha 值

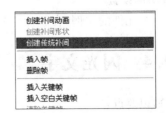

图 9-36　选择"创建传统补间"命令

（6）创建文字被吹回来动画。在第45帧处添加关键帧，在第65帧处添加空白关键帧。把第1关键帧的内容复制到第65关键帧来。在第45、65关键帧之间分别创建传统补间动画。这样，"风"字被吹回来的动画就完成了，完成后的图层及时间轴如图9-37所示。

（7）创建其他文字的动画效果。锁定图层"风"。选中图层"吹"中的文字，重复步骤（5），这里元件名称为"吹"。分别在第3帧和第28帧插入关键帧，选中第28帧，参照步骤（5）、（6）对文字"吹"进行变形及Alpha值的设置后创建动画。

（8）分别选中其他几个文字图层，重复步骤（4）～（6）。完成后的图层及时间轴如图9-37所示。

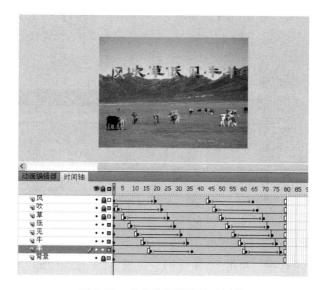

图9-37　完成后的图层及时间轴

（9）测试动画。按Ctrl＋Enter键测试动画效果并保存。

9.3.4　课堂讲解

1. 分散到层

执行"修改"→"时间轴"→"分散到图层"命令，可实现把多个在同一图层中的对象各自分散到独立的层中。

2. 透明度设置

选中一个元件的实例，在属性栏的"色彩效果"选项旁边的下拉列表中选择Alpha。

任务9.4　闪光文字

本节知识要点：

（1）文字当作运动引导路径的制作技巧。

（2）初步了解ActionScript 2.0的用法。

9.4.1　案例简介

制作如图 9-38 所示的作品效果。

9.4.2　制作流程

新建文档→创建 light 元件→创建 starlight 元件→创建 star 元件→创建运动引导层→设置引导动画 →创建"动作"元件→创建"动作"图层→测试动画。

9.4.3　操作步骤

(1) 新建文档。执行"文件"→"新建"命令,在弹出的对话框中选择"常规"→"Flash 文档(ActionScript 3.0)"选项后,单击"确定"按钮,新建一个影片文档,并将舞台背景颜色设为黑色。

(2) 创建 light 元件。新建一个图形文件,命名为 light。在编辑区中绘制出如图 9-39 所示的图形。

图 9-38　作品效果图　　　　　　　　　　图 9-39　light 元件

(3) 创建 starlight 元件。新建一个名为 starlight 的图形文件,进入元件编辑窗口,从"库"面板中将元件 light 拖曳到当前元件编辑区中心处。按 Ctrl+T 键打开"变形"面板,在其中设置各项参数,如图 9-40 所示;然后,单击"复制并应用变形"按钮 3 次,即可得到 starlight 元件,如图 9-41 所示。

图 9-40　"变形"面板　　　　　　　　　图 9-41　starlight 元件

（4）创建 star 元件。新建一个名为 star 的影片剪辑元件，进入元件编辑窗口，将元件 starlight 从"库"面板中拖入到当前元件编辑区，使其中心与元件编辑区中心对齐。分别选中第 10 帧和第 20 帧，并按 F6 键插入关键帧。单击第 1 帧，选中 starlight 元件实例，在"属性"面板中设置 Alpha 值为 10%，并修改其尺寸为原来的 50%，如图 9-42 所示。选中第 10 帧，利用"变形"面板使元件旋转 10°。再选中第 20 帧，设置其 Alpha 值为 20%，并修改其尺寸为原来的 50%。

图 9-42　Alpha 属性设置

选中"图层 1"的第 1 帧，右击，选择"创建传统动画"命令，并在"属性"面板中设置"旋转"为"逆时针"。选中第 10 帧，右击，选择"创建传统动画"命令，并在"属性"面板中设置"旋转"为"顺时针"。

（5）创建运动引导层。

① 新建图层：返回"场景 1"编辑窗口，从"库"面板中将元件 star 拖入舞台。在"图层 1"上面添加一个运动引导图层，锁定"图层 1"。

② 输入文本：选择"文本工具"，在引导层上输入文本"Flash178"，完成文本属性设置后的效果如图 9-43 所示。

③ 打散文字：连续两次按 Ctrl＋B 键将文本打散。选择墨水瓶工具，设置笔触高度为 1，单击各个字母得到轮廓线，删去多余的部分，并使用橡皮擦工具在字母 a、8 顶端擦出一个小缺口，如图 9-44 所示。

图 9-43　完成文本属性设置后的效果图

图 9-44　擦出小缺口后的文本效果

选中引导层的第 159 帧，按"F5"键插入普通帧。

（6）设置引导动画。选中"图层 1"中的第 1 帧，在工具箱下方的"选项"选项组中单击"对齐对象"按钮，将元件 star 移动到字母 F 上方端点处，如图 9-45 所示。在"属性"面板中设置元件的实例名称为 star，如图 9-46 所示。选中"图层 1"的第 26 帧，并按 F6 键插入关键帧，将元件 star 移动到字母 F 下方左侧端点处，这样就完成了一个字母动画的制作。同样，分别在第 28、41、42、59、60、76、77、97、98、115、116、136、137、159 帧按 F6 键插入关键帧，在"图层 1"中相应帧中"创建传统动画"，完成整个字母动画。

（7）创建"动作"元件。新建一个名为"动作"的影片剪辑元件，进入元件编辑窗口，选中第 1 帧，按 F9 键打开"动作—帧"面板，添加如图 9-47 所示的动作语句，在第 2 帧添加动作语句：gotoAndPlay(1)，表示循环播放第 1 帧。

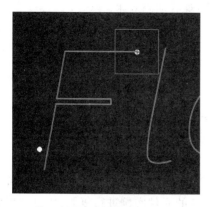

图 9-45　将元件 star 移动到字母 F 上方端点处

图 9-46　实例名称设置

图 9-47　动作语句

（8）创建动作图层。返回"场景 1"，新建一个图层"图层 3"，在"库"面板中将元件"动作"拖曳到舞台中，然后删除第 159 帧，使动作语句对该帧不起作用，选中"场景 1"的第 97 帧，添加动作语句：

```
stop();
```

此时的"时间轴"面板如图 9-48 所示。

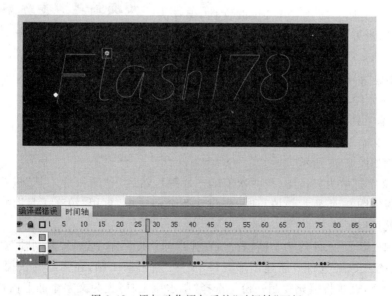

图 9-48　添加动作语句后的"时间轴"面板

(9) 测试动画。按 Ctrl＋Enter 键测试影片,观看动画效果。

9.4.4　课堂讲解

1. 把文字当作路径

把文字当作运动引导层路径时要注意,首先要把文字打散转换成文字图形,再用"墨水瓶工具"对它描边,然后在封闭的轨迹中用橡皮擦除一小部分,使其变成不封闭。

2. duplicateMovieClip()和 gotoAndPlay()函数

本例用到的这两个函数都是 ActionScript 2.0 脚本语言的语句,此处只作简单了解就行。由于 duplicateMovieClip()的功能是对指定的元件实例进行复制,所以在用此函数之前必须对实例进行命名,如本案例中的第(7)步。gotoAndPlay()函数的作用是改变动画播放的顺序,让它转向指定的关键帧。

项目实训

实训 1　旋转拖尾文字效果的制作

实训要求:在制作文字旋转时,若后面跟着文字本身的影子,能给人超强的速度感。在模拟物体快速运动时,常常要用到这种效果。本案例效果图如图 9-50 所示。

操作步骤如下。

(1) 新建文档。新建一个 Flash 文档,保存为"拖尾文字",设置文档大小为 500×500 像素,并设置帧频为 30fps。

(2) 创建"影子"元件。

① 新建元件。创建一个图形元件,命名为"影子",用"文本工具"选择合适的字体、加粗、斜体,在舞台上输入文字"旋转拖尾文字效果的制作"。文本属性设置如图 9-50 所示。

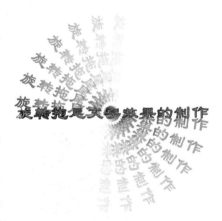

图 9-49　效果图

② 将文字打散为矢量图(按两次 Ctrl＋B 键),然后用"颜料桶工具"进行渐变填充,"颜色"面板如图 9-51 所示。填充时,先将文字全部选中,再用"填充工具"由左上角往右下角一拉就可以了。

③ 选中"影子"元件的第 1 帧,右击,在弹出的快捷菜单中选择"复制帧"命令。

(3) 创建"文字"元件。新建图形元件"文字"右击第 1 帧,在弹出的快捷菜单中选择"粘贴帧"命令,直接将填充复制一份。选择"墨水瓶工具"先为文字添加上白色边框,然后用"箭头工具框"选中所有的文字及其边框,执行"修改"→"形状"→"将线条转换为填充"

图 9-50　文本属性设置　　　　　　　　图 9-51　"颜色"面板

命令。再选择墨水瓶工具,添加第二层蓝色边框,得到的效果图如图 9-52 所示。

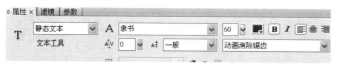

图 9-52　添加第二层蓝色边框后的效果图

（4）编辑场景。

① 编辑图层 1。退出元件编辑状态,新建一个图层。然后,将"文字"元件从"库"中拖到"图层 1"的舞台上,右击第 1 帧,在弹出的菜单中选择"创建补间动画"命令,制作运动动画。在"图层 1"的第 50 帧处插入关键帧,然后右击,在弹出的快捷菜单中选择"删除补间"命令,接着在第 68 帧插入一普通帧,使文字状态在最后保持不变。选择图层第 1～49 帧的任意一帧,右击,在弹出的快捷菜单中选择"创建传统补间"命令,在"属性"面板中设置"旋转"为"逆时针",并将圈数设置为 1,如图 9-53 所示。

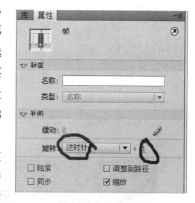

图 9-53　补间动画属性设置

② 编辑图层 2。将"图层 1"锁定,用同样的方法在"图层 2"制作"影子"元件的运动动画,也为逆时针旋转一圈,从时间轴的第 3 帧旋转至第 52 帧,并且将其首尾两帧中对象的 Alpha 值都设置为 88%。当设置实例在舞台上的位置时,应该注意其旋转中心应与其上层"文字"实例的旋转中心一致。

③ 选中"图层 2"的第 3～52 帧,然后右击,在弹出的快捷菜单中选择"复制帧"命令。制作完成后的图层情况如图 9-54 所示。

图 9-54　制作完成后的图层情况

④ 编辑图层 3～9。新建图层 3～9,将刚才复制的帧有秩序地在各个图层上粘贴,得到如图 9-55 所示的时间轴。有规律地设置图层 3～9 中首尾两帧对象的 Alpha 值,可以分别设置成 88%、77%、66%、55%、44%、33%、22%、11%,这样就可以模拟出跟踪拖尾的效果。

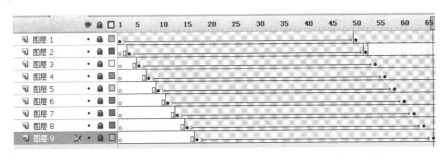

图 9-55　包括所有图层的时间轴

(5) 测试动画。按 Ctrl＋Enter 键测试动画效果。

实训 2　激光写字

实训要求:利用运动引导层动画制作激光写字的动画效果,如图 9-56 所示。

操作步骤如下。

(1) 新建文档。新建一个宽为 550 像素、高为 300 像素、帧频为 12fps、黑色背景的 Flash 文档。

(2) 制作"激光棒"元件。插入一个名称为"激光棒"的图形元件,在元件编辑模式下,选择工具箱中的椭圆工具 ◯ ,绘制一个边框颜色为无,填充颜色为黄色的圆。使用选择工具,当鼠标变为弧形时,向左上方拖出一束激光,如图 9-57 所示。

图 9-56　激光写字效果图

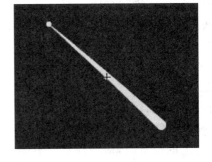

图 9-57　激光束

(3) 新建"激光棒"图层。单击 场景 1 标签,返回到场景中把"图层 1"名称改为"激光棒"。将"激光棒"元件拖到舞台上。使用"任意变形工具" ▣ ,将实例的中心点移至激光棒的顶点。把帧扩到第 50 帧。

(4) 制作"空心文字"图层。插入一个新图层"图层 2",将图层名称改为"空心文字",将其拖至"激光棒"图层的下方,选择"空心文字"图层,在舞台中输入文字"Flash",设置字体和大小,选择文字按 Ctrl+B 键将其分离。单击工具箱中的"墨水瓶工具"按钮 ,设置笔触颜色为橘黄色,为文字描边。描边完成后,按 Delete 键将文字内部的填色删除,这样就得到了一组空心文字,如图 9-58 所示。

(5) 编辑引导层。

① 添加引导层:选择"激光棒"图层,单击时间轴左下方的"添加引导图层"按钮 ,添加一个引导层。

② 绘制运动轨迹:选择"空心文字"图层中的第 1 帧,右击,在快捷菜单中选择"复制帧"命令。选择引导层的第 1 帧,右击,在弹出的快捷菜单中选择"粘贴帧"命令。使用引导层的第 1 帧与"空心文字"图层的第 1 帧完全相同。

③ 使用橡皮擦工具 ,将运动引导层中每个勾画字母的线条都擦出一个缺口,即将空心文字转换为运动轨迹,如图 9-59 所示。

图 9-58　空心文字

图 9-59　将空心文字转化为运动轨迹

(6) 编辑"激光棒"图层。

① 添加关键帧:分别选择"图层 1"的第 10、11、20、21、28、29、34、35、40、41、50 帧,按 F6 键添加关键帧(因为字母 a 有两个封闭曲线,所以在第 28 帧与第 34 帧中多加两个关键帧)。

② 创建动画:选择"激光棒"图层第 1 帧,将激光棒中心点拖放到字母 F 断点的起始处,选择第 10 帧将激光棒端点拖放到字母 F 断点的终点处,选择第 1 帧创建传统补间动画。重复上一步骤,制作激光棒沿其他字母轨迹运动的动画。

(7) 编辑"空心文字"图层。

① 选择并解锁"空心文字"图层,连续按 49 次 F6 键添加关键帧。单击"空心文字"的第 1 帧,用鼠标框选并删除激光棒指向后面的字母及线条,只保留激光棒指向前的线条。

② 根据"激光棒"的运动轨迹,重复此操作,在"空心文字"中的每一个关键帧中将多余的线条删除,完成制作后的时间轴如图 9-60 所示。

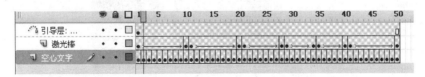

图 9-60　完成制作后的时间轴

(8) 测试动画。按 Ctrl+Enter 键测试动画,并对不满意的地方进行修改。

实训 3   探照灯效果

实训要求：利用遮罩制作如图 9-61 所示的探照灯效果。

图 9-61   探照灯效果

操作步骤如下。

(1) 新建文档。新建一个文档，并把背景颜色设置成自己喜爱的颜色。

(2) 创建"黑色文字"层。把"图层 1"的名称改为"黑色文字"，选择文本工具 **T**，把字体设置为隶书，大小设置为 68，颜色设置为黑色，在舞台中输入"探照灯效果"文本，如图 9-62 所示，在第 60 帧处插入帧。

图 9-62   在"黑色文字"图层输入文本后的效果

(3) 创建"彩色文字"元件。新建一个图形元件，命名为"彩色文字"，把"黑色文字"图层中的文本复制到该图形元件中来，并把它打散成文字图形，再用"填充工具"填上五彩颜色，如图 9-63 所示。

图 9-63   填充五彩颜色后的文字效果

(4) 创建"彩色文字"图层。回到场景中，新建一个图层，把它命名为"彩色文字"，打开"库"面板，把"彩色文字"元件拖动到舞台中，并跟"黑色文字"图层里的文字对齐。

（5）创建"影子"图层。新建一个图层，把图层名改为"影子"。把"库"面板里的"彩色文字"拖动到舞台中，并把它的透明度设置为 10%。在第 30 帧、第 60 帧插入关键帧。选中第 1 关键帧，利用"任意变形工具" ，把影子略向左倾斜，并把它移到"彩色文字"的左上方如图 9-64 所示。选中第 30 帧，用同样的方法把"影子"的位置图形及位置调整成如图 9-65 所示。分别在第 1 帧和第 30 帧、第 30 帧和第 60 帧之间建立补间动画。

图 9-64　"影子"在第 1 帧的位置

图 9-65　"影子"在第 30 帧的位置

（6）创建"遮罩"元件。新建一个图形元件，把它命令为"遮罩"，在舞台中绘制一个白色的圆。

（7）新建"光束"元件。新建一个图形元件，命名为"光束"，在"光束"层中选择"椭圆工具"，在"颜色"面板中，设置类型为"线性渐变"，把颜色设为白色，调成从透明度 100%～0% 的渐变，如图 9-66 所示，绘制一个圆，再用"指针工具"把它变形成如图 9-67 所示形状。

图 9-66　颜色的设置

图 9-67　光束的形状

（8）创建遮罩层和光束层。新建一个图层，并把它的名称改为"遮罩层"，并把"影子"图层和"彩色文字"图层都设置为被遮罩层。在遮罩层上面再新一个图层，并把名称改为

"光束",图层情况如图 9-68 所示。把"库"面板中的"光束"拖动到"光束"图层中,把"遮罩"元件拖动到"遮罩层"中,并调整位置如图 9-69 所示。分别在"光束"图层及"遮罩"图层的第 15、30、45 帧插入关键帧,并在第 15 帧把光束和遮罩调到如图 9-70 所示位置,把第 30 帧中的光束和遮罩调整到如图 9-71 所示位置,把第 45 帧的光束及遮罩调整到如图 9-72 所示。分别在两个图层的第 1 帧、第 15 帧之间,第 15 帧、第 30 帧之间,第 30 帧、第 45 帧之间,第 45 帧、第 60 帧之间创建补间动画,最终图层情况如图 9-73 所示。

图 9-68   图层情况

图 9-69   第 1 帧的光束及遮罩

图 9-70   第 15 帧的光束及遮罩

图 9-71   第 30 帧的光束及遮罩

图 9-72   第 45 帧的光束及遮罩

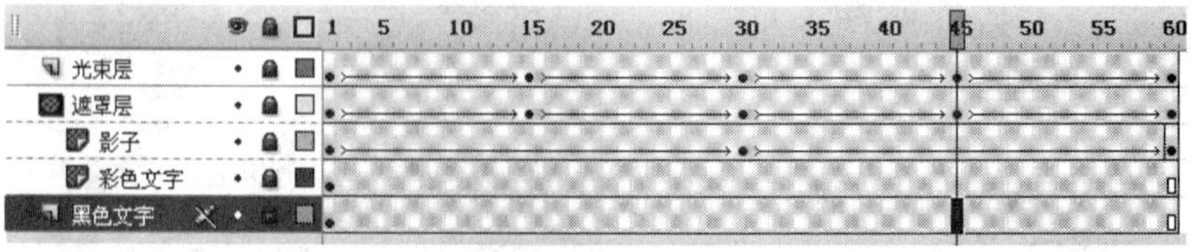

图 9-73   最终图层情况

(9) 测试动画。按 Ctrl+Enter 键测试动画,并对不理想之处进行修改。

实训 4   竹林听琴

实训要求：利用竹林图像和 Flash 绘制的图形和文字再配上声音,制作如图 9-74 所示声文并茂的竹林听琴动画。

操作步骤如下。

(1) 新建文档。新建一个文档,把背景颜色设置成自己喜爱的颜色。

(2) 新建"花"元件。执行"插入"→"新建元件"命令,在弹出的"新建元件"对话框中输入元件名"花",设置元件类型为图形。在"元件"窗口利用椭圆工具和选择工具绘制如图 9-75 所示的元件。

图 9-74   竹林听琴动画

图 9-75   "花"元件

(3) 创建"花旋转"元件。执行"插入"→"新建元件"命令,在弹出的"新建元件"对话框中输入元件名"花旋转",设置元件类型为影片剪切。在"元件"窗口中选择第 1 帧,把"花"元件拖到舞台中,并把它相对舞台居中。在第 50 帧处插入关键帧,选择第 1～50 帧中的任何一帧,右击,在弹出的快捷菜单中选择"创建传统补间"命令,在"属性"面板中设置"顺时针"旋转 1 周。

(4) 创建文字元件。执行"插入"→"新建元件"命令,在弹出的"新建元件"对话框中输入元件名"竹",设置元件类型为影片剪切。在"元件"窗口中选择第 1 帧,用"椭圆工具"绘制一个如图 9-77 所示的圆,并把它相对舞台居中。新建一个图层,在"图层 2"中选择第 1 帧,并把"花"元件拖到舞台中,并把它相对舞台居中。再新建一个图层,并选择其中的第 1 帧,利用"文本工具",输入"竹"字,完成后建成如图 9-76 所示的"竹"元件。在"库"面板选中"竹"元件,右击,在弹出的快捷菜单中选择"直接复制"命令,在弹出的"直接复制元件"对话框中输入元件名"林",单击"确定"按钮,在"元件"窗口中把"图层 3"中的"竹"字改成"林"字即可。用同样的方法制作"听"、"琴"元件。

(5) 创建"组合"元件。新建"组合"影片剪切元件,新建 4 个图层分别命名为"竹"、"林"、"听"、"琴",选择第 1 关键帧,把"竹"、"林"、"听"、"琴"4 个元件拖到对应的图层中,且把它们的透明度设为 0％，且把它们相对舞台居中。分别在 4 个图层的第 50 帧处插入关键帧，把 4 个元件的实例垂直成一字排列，并把它们的透明度设为 100％，如图 9-77 所示。同样的方法，在第 100 帧处插入关键帧把它们成水平一字排列，如图 9-78 所示。在第 180 帧处插入关键帧，把它们重新相对舞台居中，如图 9-79 所示。

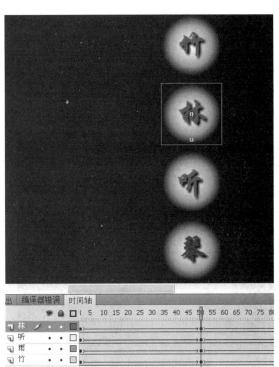

图 9-76　"竹"元件

图 9-77　垂直成一字排列的文字

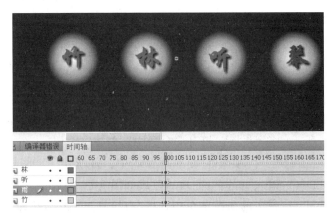

图 9-78　水平一字排列的文字

（6）编辑场景 1。回到场景 1，新建 3 个图层分别命名为"背景"、"文字"、"音乐"。在"背景"图层导入背景图像，把图像大小跟舞台大小匹配，并相对舞台居中。拖动"组合"元

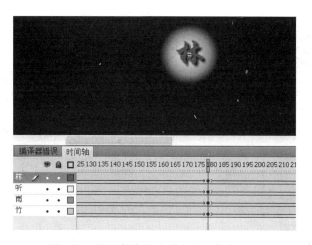

图 9-79　相对舞台居中重合在一起的文字

件到"文字"图层,并把它相对舞台居中。导入声音素材到"音乐"图层。

（7）测试运行。

思考与练习

一、概念题

1. 如何设置文本的大小及字体颜色？

2. 如何制作空心文字？

3. 如何给文字填上五彩缤纷的颜色？

4. 把文字当作遮罩层时应该对文字进行怎样的处理？

5. 把文字当作引导层路径该如何操作？

二、操作题

1. 制作简单的文字效果。

实训要求：利用遮罩制作文字如图 9-80 所示效果。

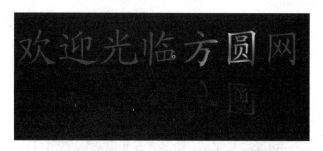

图 9-80　文字效果

操作步骤提示：由 3 个图层组成,在"背景文字"和"遮罩层"中分别输入文本"欢迎光临方圆网";在被遮罩层中绘制一个五彩的遮罩片,在此图层中创建补间动画,让遮罩片从左向右运动。图 9-81 为图层示意图。

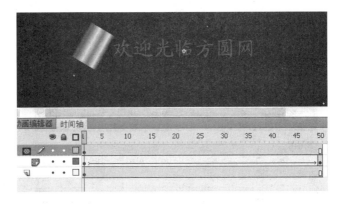

图 9-81　图层示意图

2. 卡拉 OK 字幕效果。

选择一首自己喜爱的歌曲,制作并设计卡拉 OK 字幕效果。

3. 欣赏图 9-82～图 9-85 所示的文字特效,并尝试自己动手制作。

图 9-82　闪烁文字效果图

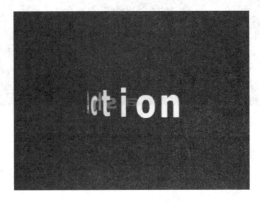

图 9-83　文字旋转效果图

图 9-84　文字爆炸效果图

图 9-85　毛笔写字效果图

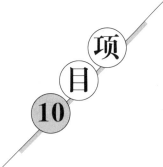

交 互 动 画

★技能目标

    （1）初步学会动画影片的基础控制方法。

    （2）初步学会动画演出内容的设计方法。

    （3）初步学会鼠标事件处理方法。

    （4）初步学会事件的处理方法。

★知识目标

    （1）了解 Flash CS5 提供的强大 ActionScript 3.0 脚本程序编程能力。

    （2）理解 ActionScript 3.0 基本语句功能和"动作"面板的操作。

任务 10.1　简单交互动画——动画的播放与停止控制

本节知识要点：

（1）Flash CS5 中 ActionScript 3.0 脚本的编辑环境——"动作"面板。

（2）动画影片的基础控制语句。

（3）事件侦听器。

（4）自定义函数。

10.1.1　案例简介

创意思想：交互式动画一个行为包含两个内容：事件和动作。事件是触发动作的信号，信号是事件的结果。产生事件的对象可以是关键帧、按钮、影片剪辑、按键等。动作是由一系列语句组成的程序。事件和动作的设计可以通过"动作"面板来实现。

本实例中，事件是通过按钮产生，动作是使播放的动画暂停和暂停的动画重新播放。翻书（停止）和翻书（开始）的演示效果如图 10-1 和图 10-2 所示。

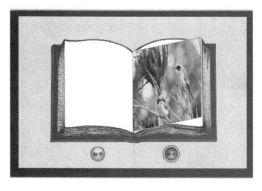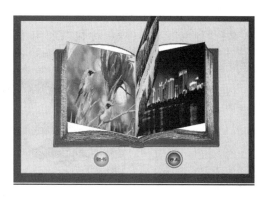

图 10-1　翻书(停止)　　　　　　　　　图 10-2　翻书(开始)

10.1.2　制作流程

元件创建→按钮制作→事件和动作设置→测试动画。

10.1.3　操作步骤

(1) 新建文件。新建一个 Flash 文件,在常规选项中选择 ActionScript 3.0 选项,设置文件大小为 800×600 像素,其他参数为默认设置。

(2) 制作"翻书效果"基本动画。制作一个"翻书效果"的基本动画或者打开在本书"项目 8"中已制作完成的翻书效果,如图 10-3 所示。

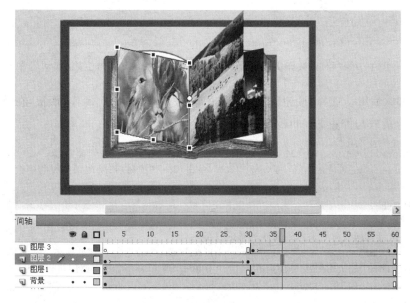

图 10-3　打开"翻书效果"基本动画

（3）制作按钮。选择"插入"→"新建元件"命令,在弹出的"创建新元件"对话框中,输入名称"翻书",类型选择"按钮",如图 10-4 所示。创建一个如图 10-5 所示的"翻书"按钮,并用同样的方法制作如图 10-6 所示的"停止"按钮。

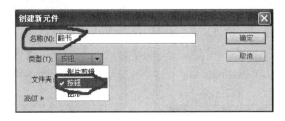

图 10-4　"创建新元件"对话框

图 10-5　"翻书"按钮　　　　　　图 10-6　"停止"按钮

（4）新建按钮图层。在原来的动画基础上新建一个图层,把它命名为"按钮",把库里的"翻书"按钮和"停止"按钮分别拖动到"按钮"图层,并把它们分别命名为 play_btn、stop_btn,如图 10-7 和图 10-8 所示。

图 10-7　"翻书"按钮实例名称　　　　图 10-8　"停止"按钮实例名称

（5）脚本编辑。选择"按钮"图层的第 1 帧,按 F9 键,打开"动作"面板,在此面板中编写控制影片播放与停止的 ActionScript。

```
play_btn.addEventListener(MouseEvent.CLICK,book_move);//按钮监听器
function book_move(me:MouseEvent)        //单击"翻书"按钮后,所调用执行的函数 book_move()
{
    this.play();
}    //单击"翻书"按钮后,通过监听器调用 book_move()函数
    //执行 play()命令来达到播放场景的目的
stop_btn.addEventListener(MouseEvent.CLICK,book_stop);//按钮监听器
function book_stop(me:MouseEvent)        //单击"停止"按钮后,所调用执行的函数 book_stop()
{
    this.stop();
}    //单击"停止"按钮后,通过监听器调用 book_ stop()函数
    //执行 stop()命令来达到停止播放场景的目的
```

（6）测试动画。图 10-9 所示为测试动画时的"动作"面板。

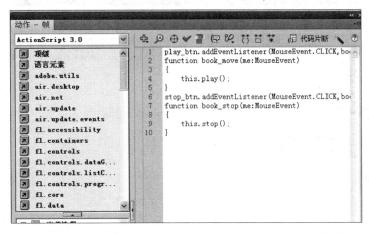

图 10-9　"动作"面板

10.1.4　课堂讲解

在以上操作步骤中,使用 ActionScript 脚本编程,介绍了事件与动作的概念,利用"动作"面板进行事件和动作的设置。

1. ActionScript 3.0 和 ActionScript 2.0 的区别

ActionScript 是一种基于 ECMAScript 的编程语言,用来编写 Adobe Flash 电影和应用程序。在 AS2 中,虽然采用的也是 OOP 标准,但是在实际的编程中,它更加自由化,在编程风格上,代码并非非常的严谨。ActionScript 3.0 是一种强大的面向对象的编程语言,它修改了 AS 以前版本的语法结构,让 AS 真正变成了面向对象的语言,且更加结构化、系统化,使编写代码的风格更加标准化。它较 AS2 更有效率,是将来发展的潮流,但在个别情况下可能仍需要使用旧版本的 AS。例如,有个别网络广告内容为满足向下兼容性,要求将 Flash 输出为 Flash Player 8.0 甚至更早版本,此时需用 AS2 完成。

2. ActionScript 版本选择和基本设置

Flash CS5 提供了向上兼容特性,可以支持 ActionScript 的各个版本,开发者只需要简单地做一下选择和设置就可以制作并发布相应的文件。

（1）打开 Flash CS5 专业版,执行"文件"→"新建"命令,在弹出的"新建文件"对话框中选择"类型"下拉列表框中的"Flash 文件（ActionScript 3.0）"选项,如图 10-10 所示。单击"确定"按钮,创建一个新的 Flash 文档。

（2）执行"文件"→"发布设置"命令,打开"发布设置"对话框,单击 Flash 标签,在这里可以选择播放器版本和 ActionScript 的支持版本。

3. "动作"面板

"动作"面板是用来编辑、调试时间轴代码的场所。在 Flash CS5 开发环境中按 F9 键

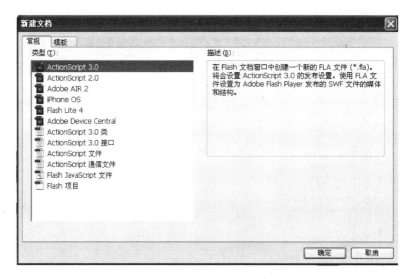

图 10-10 选择文件类型

或执行"窗口"→"动作"命令可以打开"动作"面板。

"动作"面板分为 4 个区域,分别是"脚本"窗口、"面板"菜单、"动作工具箱"和"脚本导航器",如图 10-11 所示。

图 10-11 "动作"面板

"脚本"窗口是编辑代码的区域;"动作工具箱"提供了一个树状列表,涵盖了所有程序语言元素;"脚本导航器"是一个脚本导航工具,其中罗列了所有含有代码的帧,可以通过单击其中的项目,使包含在相应帧中的代码在右侧的"脚本"窗口中显示。

"面板"菜单为编辑代码提供了多个功能按钮,用于插入代码、语法检查、调试等功能,如图 10-12 所示。

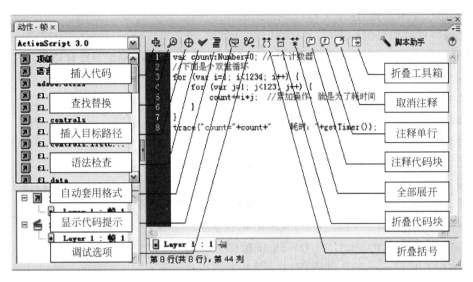

图 10-12　"面板"菜单

4. 事件源、事件和响应的概念

了解 ActionScript 3.0 的事件处理机制非常重要,是深入学习 ActionScript 3.0 编程与应用的基础,首先需要学习几个基本概念。

(1)事件源:发生事件的是哪个对象。

(2)事件:将要发生什么事情。

(3)响应:事件发生时,希望执行的操作。

任何时候编写处理事件的 ActionScript 代码,均需包括上述 3 个基本元素。本案例代码中对"停止"按钮书写的代码如下。

```
stop_btn.addEventListener(MouseEvent.CLICK,book_stop);
function book_stop(me:MouseEvent)
{
    this.stop();
}
```

其中,事件源:stop_btn,即只接受在这个按钮发生的事件(若用户单击了其他按钮而未单击该按钮,那么不会发生响应)。事件:MouseEvent.CLICK,它代表鼠标在目标对象(stop_btn)之上单击的事件。响应:当上述事件发生后,会执行 book_stop()的响应函数。

5. 事件侦听器

事件侦听器也称为事件处理函数,是一个用于侦听事件的对象,也是 Flash player 响应特定事件而执行的函数,其基本模式如下。

事件源:

addEventListener(事件名称,响应函数名称);

事件名称:即要侦听的事件,既可以是系统事件(如播放到某一帧等),也可以是用户事件(如用户单击鼠标、按某个键等)。

常用事件类型有鼠标事件(MouseEvent)类型、键盘事件(KeyboardEvent)类型和时间事件(TimerEvent)类型和帧循环(ENTER_FRAME)事件。其中,鼠标事件有如下几种。

(1) MouseEvent.Click:鼠标单击事件。

(2) MouseEvent.MOUSE_OVER:鼠标移入事件。

(3) MouseEvent.DOUBLE_CLICK:双击事件。

(4) MouseEvent.MOUSE_UP:鼠标释放事件。

(5) MouseEvent.MOUSE_DOWN:鼠标按下事件。

(6) MouseEvent.MOUSE_WHEEL:滚轮事件。

(7) MouseEvent.MOUSE_MOVE:鼠标移动事件。

(8) MouseEvent.ROLL_OUT:鼠标移出事件。

(9) MouseEvent.MOUSE_OUT:鼠标移出事件。

(10) MouseEvent.ROLL_OVER:鼠标悬停事件。

响应函数名称,即侦听到第一个参数所指示的事件发生后,执行什么响应操作。

任务 10.2　场景切换——三棱文字与探照灯

本节知识要点:

(1) 场景的概念。

(2) gotoAndPlay()函数的应用。

10.2.1　案例简介

场景 Flash 动画制作中一个比较重要概念,本例利用前面已经制作的两个案例拿来制作场景,然后通过按钮来控制场景的切换,演示效果如图 10-13 所示。

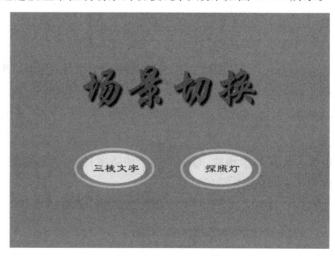

图 10-13　场景切换演示效果

10.2.2　制作流程

文件新建→创建场景→制作场景动画→制作按钮→添加 ActionScript 语句→测试动画。

10.2.3　制作步骤

(1) 新建文件。新建一文件,注意在"常规"选项中选择 ActionScript 3.0 选项,设置文件大小为 550×400 像素,背景颜色设置为♯99FFFF。

(2) 添加场景。执行"窗口"→"其他面板"→"场景"命令,调出"场景"面板,在"场景"面板中新添加两个场景,连同场景 1 共 3 个场景,并分别把它们改名为"s1"、"s2"、"s3",如图 10-14 所示。

(3) 新建按钮元件。执行"插入"→"新建元件"命令,在弹出的"创建新元件"对话框中输入元件名称"三棱文字",元件类型选择"按钮",如图 10-15 所示,单击"确定"按钮。绘制如图 10-16 所示的"三棱文字"按钮。用同样的方法新建一个如图 10-17 所示的"探照灯"按钮。

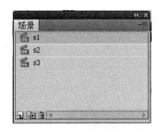 

图 10-14　添加场景　　　　　　　　图 10-15　"创建新元件"对话框

图 10-16　"三棱文字"按钮　　　　　图 10-17　"探照灯"按钮

(4) 编辑制作场景 s1。在"场景"面板中选择场景 s1,并把 s1 切换为当前场景。拖动"库"面板中的"三棱文字"按钮到舞台中生成实例,并选中它,在"属性"面板中把它命名为"slwz",如图 10-18 所示。同样的方法生成"探照灯"按钮的实例,并把它命名为"tzd",如图 10-19 所示。

图 10-18　把三棱文字实例重命名为"slwz"　　　图 10-19　把探照灯实例重命名为"tzd"

(5) 编辑制作场景 s2 和 s3。在场景面板中选择场景 s2,把 s2 切换成当前场景。打开在项目九中建立的"三棱文字"源文件,把其中的所有帧复制到当前文件的场景 s2 中。

用以上同样的方法,把任务九中建立的"探照灯动画"复制到场景 s3 中。

(6) 添加脚本语言。选择"s1"为当前场景,按 F9 键打开"动作脚本"窗口,如图 10-20 所示,输入如下脚本。

```
stop();
slwz.addEventListener(MouseEvent.CLICK,slwz_play);   /*按钮监听器*/
function slwz_play(me:MouseEvent)
{
    gotoAndPlay(1,"s3");
}/*单击"三棱文字"按钮后,所调用执行的函数 slwz_play()*/
tzd.addEventListener(MouseEvent.CLICK,tzd_play);      /*按钮监听器*/
function tzd_play(me:MouseEvent)
{
    gotoAndPlay(1,"s2");
}/*单击"三棱文字"按钮后,所调用执行的函数 tzd_play()*/
```

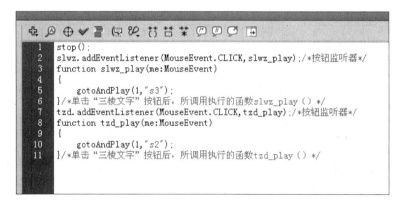

图 10-20　"动作脚本"窗口

选择 s2 为当前场景,选中最后一个关键帧,按 F9 键在"动作脚本"窗口中输入"gotoAndPlay(1,"s1");"。

(7) 测试运行。

10.2.4　课堂讲解

gotoAndPlay()函数

该函数属于"控制影片函数"中的一个,主要用于实现动画的跳转,转到指定的帧播放。该函数既可以实现同一场景中的跳转(如以上实例),也可以实现不同场景之间的转换。如从"场景 1"的第 20 帧转换到"场景 2"的第 1 帧,则可以在"场景 1"第 20 帧中添加以下代码"gotoAndPlay(1,"场景 2");",其添加过程如图 10-21 所示。

图 10-21　gotoAndPlay 代码的添加过程

控制影片函数还有如下几个。

(1) gotoAndStop(帧,[场景名]):转到指定帧停止动画播放。

(2) Play():开始播放影片。

(3) Stop():停止播放影片。

(4) nextFrame():转到下一帧。

(5) nextScene():转到下一场景。

(6) prevFrame():转到前一帧。

(7) prevScene():转到前一场景。

(8) stopAllSounds():停止播放所有的声音。

任务 10.3　动态的演员加入

本节知识要点:

(1) 显示对象。

(2) 显示对象的操作。

(3) 数学函数的调用。

10.3.1 案例简介

单击鼠标指针的位置动态加入竹林听琴文字影片剪切实例,且每单击一次复制一个实例,每个实例的大小及透明度和旋转角度都是随机的。具体效果如图 10-22 所示。

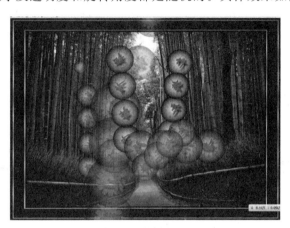

图 10-22 动态演员的加入

10.3.2 制作流程

元件创建→帧动作设置→创建实例→元件实例动作设置→测试动画。

10.3.3 操作步骤

(1) 新建文件

打开"项目 9"中制作的"竹林听琴"源文件。

(2) 给影片剪辑定义类名

在"库"面板中选择"组合"影片剪切项目,右击,在弹出的快捷菜单中选择"属性"命令。在"元件属性"对话框中输入类名称"actor",也就是把影片剪切定义为一个类,如图 10-23 所示。

(3) 添加脚本

在场景中新建一个"动作"图层,单击该图层的第一帧,按 F9 键,打开"动作脚本"面板,在该面板中输入如下代码。

```
stage.addEventListener("click",copyMc);          /* 场景舞台鼠标键的监听器 */
function copyMc(me:MouseEvent)
{    /* 在场景舞台上单击鼠标后,所调用执行的函数 */
    var actorCopy_mc:actor = new actor();    /* 创建一个 actor 对象 */
    actorCopy_mc.x=this.mouseX;          /* 让创建的新对象 x 位置跟鼠标的当前的位置相同 */
    actorCopy_mc.y=this.mouseY;          /* 让创建的新对象 y 位置跟鼠标的当前的位置相同 */
```

```
actorCopy_mc.rotation＝Math.random()＊360;　/＊让创建的新对象随机旋转一个角度＊/
var sc＝Math.random();　　　　　　　　　/＊让创建的新对象大小随机＊/
actorCopy_mc.scaleX＝sc;
actorCopy_mc.scaleY＝sc;
actorCopy_mc.alpha＝Math.random();/＊让创建的新对象透明度随机＊/
this.addChild(actorCopy_mc);　　　　　/＊让创建的新对象加入到舞台中＊/
}
```

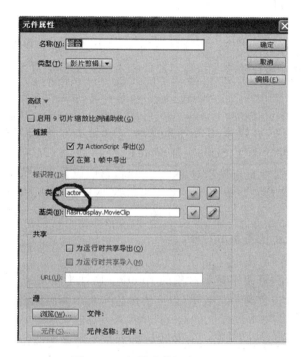

图 10-23　把影片剪切定义为类

10.3.4　课堂讲解

1. 显示对象简介

显示对象（Display Object）指的是可以在舞台显示的一切对象，既包括可以直接看得见的图形、动画、视频、文字等，也包括一些看不见的显示对象容器。在 ActionScript 3.0 中，任何的复杂的图形都是由显示对象和显示对象的容器共同构成。

2. 添加显示对象

在 ActionScript 3.0 中，要把一个对象显示在屏幕中，需要做两步工作：一是创建显示对象；二是把显示对象添加到容器的显示列表中。加入显示列表的方法有 addChild() 和 addChildAt()。

要在 ActionScript 3.0 中创建一个显示对象，只需使用 new 关键字加类的构造函数即可，如上例中"var actorCopy_mc:actor ＝ new actor(); /＊创建一个 actor 对象＊/"。上面已经使用代码建立了 actor 实例，但是它并没有位于显示列表中，也就是说它现在还没有显示在屏幕上。要把这个文本框显示在屏幕中,就必须使用容器类的 addChild()或者 addChildAt()方法加入到显示列表中,如上例中的"this. addChild(actorCopy_mc); /*让创建的新对象加入到舞台中*/"。

3. 处理显示对象

显示对象放在舞台之后,可以进行大量的操作,如改变对象的位置、透明度、颜色,可以使显示对象旋转,也可以控制拖动显示对象。

(1) 改变对象的位置

要改变一个显示对象的位置,只须调整显示对象的横坐标 x 和纵坐标 y 这两个属性就可以了。注意 x 和 y 属性始终是指显示对象相对于其父显示对象坐标轴的(0,0)坐标的位置。

(2) 缩放显示对象

若要缩放显示对象,可以采用两种方法来缩放显示对象的大小:使用尺寸属性(Width 和 Height)或缩放属性(ScaleX 和 ScaleY)。

Width 和 Height 属性是指显示对象的宽和高,它们以像素为单位,可以通过指定新的宽度和高度值来缩放显示对象。ScaleX 和 ScaleY 属性是指显示对象的显示比例,是一个浮点数字,最小值为 0,最大不限,值为 1 表明和原始大小相同。缩放值大于 1 表示放大显示对象,小于 1 表示所需显示对象。

(3) 旋转显示对象

若要旋转显示对象,可使用显示对象的 rotation 属性来实现。如果要旋转某一个显示对象,可以将此属性设置为一个数字(以度为单位),表示要应用于该对象的旋转量。

(4) 淡化显示对象

Flash 之所以"闪",透明度 alpha 这个属性起到了至关重要的作用。使用该属性可以使显示对象部分透明或者全部透明,也可以通过 alpha 属性控制显示对象的淡入淡出。alpha 属性的值是 0~1 之间的浮点数。0 表示完全透明,1 则表示完全不透明。图 10-24 为调用 alpha 指令演示过程。

4. 随机函数

Math. random() 返回一个 0.0 ～ 1.0 之间的伪随机数。与之相关的数学函数还有如下几种。

(1) Math. abs():计算绝对值。

(2) Math. acos():计算反余弦值。

(3) Math. asin():计算反正弦值。

(4) Math. atan():计算反正切值。

(5) Math. atan2():计算从 x 坐标轴到点的角度。

(6) Math. ceil():将数字向上舍入为最接近的整数。

(7) Math. cos():计算余弦值。

(8) Math. exp():计算指数值。

(9) Math. floor():将数字向下舍入为最接近的整数。

（10）Math. log()：计算自然对数。

（11）Math. max()：返回两个整数中较大的一个。

（12）Math. min()：返回两个整数中较小的一个。

（13）Math. pow()：计算 x 的 y 次方。

（14）Math. random()：返回一个 0.0 ～1.0 之间的伪随机数。

（15）Math. round()：四舍五入为最接近的整数。

（16）Math. sin()：计算正弦值。

（17）Math. sqrt()：计算平方根。

（18）Math. tan()：计算正切值。

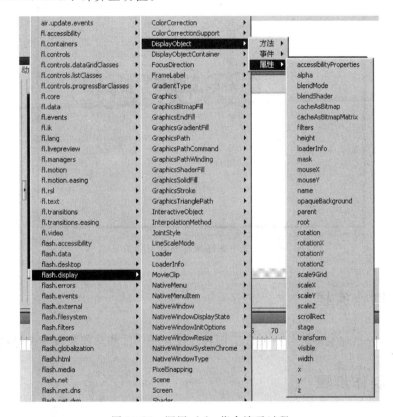

图 10-24　调用 alpha 指令演示过程

任务 10.4　跟随鼠标移动

本节知识要点：

（1）帧循环 ENTER_FRAME 事件。

（2）数组的定义。

（3）do...while 语句。

10.4.1　案例简介

创意思想:彩色文字跟随鼠标移动,并留下鼠标移过文字变化的痕迹。动画播放的效果图如图 10-25 所示。在设计过程中,用户也可以将文字改为其他的图形,如小球、星星等。

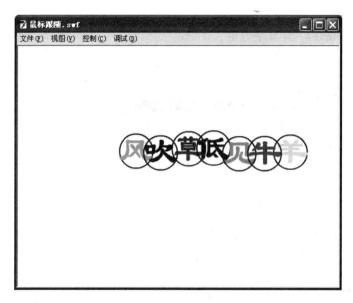

图 10-25　文字跟随鼠标移动变化效果图

10.4.2　制作流程

新建文件→创建文本元件→元件实例属性设置→事件和动作设置→测试动画。

10.4.3　制作步骤

(1) 新建文件。新建一文件,设置其大小为 500×400 像素,背景颜色为白色。

(2) 创建文本元件。新建一影片剪切元件命名为"风",进入"风"元件编辑窗口,绘制一个无填充色的圆,再在圆里面输入一个文字"风",文字颜色可自行设定。并将圆和文本通过"对齐"面板,放置在舞台正中央。第一个影片剪切元件制作完成。

在"库"面板中选择"风"元件,右击,在弹出的快捷菜单中选择"直接复制"命令,在弹出的"直接复制元件"对话框中输入元件名称为"吹",如图 10-26 所示,单击"确定"按钮,进入"吹"元件的编辑窗口中,把其中的"风"字改成"吹"字,并设置文字的颜色。用同样的方法制作"草"、"低"、"见"、"牛"、"羊"等元件。

(3) 元件实例属性设置。切换到场景 1,将"库"中的元件"风"、"吹"、"草"、"低"、

图 10-26 "直接复制元件"对话框

"见"、"牛"、"羊"拖入到舞台创建其实例。选择实例"风",在"属性"面板中将实例类型修改为"影片剪辑",并给实例取名称为 w1。如图 10-27 所示。其他各实例参数进行类似操作,分别将实例取名为 w2、w3、w4、w5、w6、w7。设置完成后,将 7 个实例按顺序排列在水平直线上,如图 10-28 所示。

图 10-27 给影片剪切实例命名

图 10-28 排列成水平直线的元件实例

(4) 设置事件和动作。在场景 1 中,选择第 1 关键帧,按 F9 键,打开"动作脚本"窗口,在"动作脚本"窗口中输入如下代码。

```
var wordArr＝[w1,w2,w3,w4,w5,w6,w7];  /＊将影片剪切实例指定为数组元素＊/
var arrLen＝wordArr.length－1;  /＊取得数组的最大索引变量,作为循环语句的中止条件值＊/

this.addEventListener(Event.ENTER_FRAME,moveWord);  /＊场景影片剪切监听器＊/
function moveWord(me:Event)
{  /＊设置第一字的位置＊/
    wordArr[0].x＝stage.mouseX ＋ 30;
    wordArr[0].y＝stage.mouseY ＋ 30;
    var i＝0;
    do{  /＊以第一字的位置为基准,利用 do…while 循环语句来设置后续字的位置＊/
        wordArr[i＋1].x ＋＝（wordArr[i].x － wordArr[i＋1].x)/2 ＋ 30;
        wordArr[i＋1].y ＋＝（wordArr[i].y － wordArr[i＋1].y)/2;
        i＋＋;
    }while(i＜arrLen)
}
```

(5) 测试动画并保存。

10.4.4 课堂讲解

1. 帧循环 ENTER_FRAME 事件

帧循环 ENTER_FRAME 事件是 ActionScript 3.0 中动画编程的核心事件。该事件能够控制代码跟随 Flash 的帧频播放,在每次刷新屏幕时改变显示对象。使用该事件时,需要把该事件代码写入事件侦听函数中,然后在每次刷新屏幕时,都会调用 Event . ENTER_FRAME 事件,从而实现动画效果。

2. 数组的定义

(1) 使用数组常量创建数组

语法:

[表达式 1,表达式 2,表达式 3, …];

例如:

var iarr:Array = [1,2,3];
var harr:Array = ["apple", 2,4.5,"banana"];

(2) 使用 new 操作符创建数组

语法:

new Array(参数)

当参数值为一个确定的整数值时,表示数组的长度;当参数值超过 1 个时,表示数组中的元素。例如, new Array(14),new Array(1,32),new Array("hello","world")等。

3. do…while 语句

与 for 和 while 语句不同,do…while 语句中的循环体至少会被执行一次,然后才测试表达式是否成立,而前两者的循环体可能一次都不会执行。

```
do {
    循环体
} while(表达式成立)
```

项目实训

实训 1　控制外部影片(播放、停止、顺播、倒播)

实训要求:在主动画中调用另外 swf 文件,并对被调用的动画文件的播放进行控制操作,效果如图 10-29 所示。

操作步骤如下。

(1) 制作一个有几帧动画的影片文件,保存为 1. swf 或者调用项目 8 中制作完成的"画轴效果. swf"。

(2) 制作一个主影片文件,保存路径与上面文件相同,命名为 index. swf。

(3) 在主影片文件中,场景上放 4 个按钮,实例名分别为 bf_btn、tz_btn、sb_btn、db_btn。

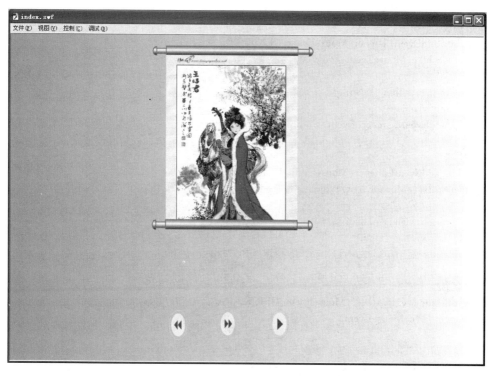

图 10-29 效果图

（4）为主影片的帧编写如下代码。

```
//申明一些变量
var num:int=1;
var ldr:Loader=new Loader();
var url:String = "画轴效果.swf";
var dizhi:URLRequest = new URLRequest(url);
var yp:MovieClip=new MovieClip();
//载入外部影片
ldr.load(dizhi);
ldr.x=300;
ldr.y=50;
addChild(ldr);
//载入完成时添加监听事件
ldr.contentLoaderInfo.addEventListener(Event.COMPLETE,wc);
function wc(e:Event):void
{
    yp=e.target.content;
    yp.addEventListener(Event.ENTER_FRAME,yx);
}
//按钮属性设置
bf_btn.visible=false;
tz_btn.visible=true;
bf_btn.x=tz_btn.x;
```

```
    bf_btn.y=tz_btn.y;
    //播放
    bf_btn.addEventListener(MouseEvent.CLICK,bf);
    function bf(e:MouseEvent):void
    {
        e.target.visible=false;
        tz_btn.visible=true;
        yp.addEventListener(Event.ENTER_FRAME,yx);
    }
    //停止
    tz_btn.addEventListener(MouseEvent.CLICK,tz);
    function tz(e:MouseEvent):void
    {
        e.target.visible=false;
        bf_btn.visible=true;
        yp.removeEventListener(Event.ENTER_FRAME,yx);
    }
    //顺播
    sb_btn.addEventListener(MouseEvent.CLICK,sb);
    function sb(e:MouseEvent):void
    {
        bf_btn.visible=false;
        tz_btn.visible=true;
        yp.addEventListener(Event.ENTER_FRAME,yx);
        num=1;
    }
    //倒放
    db_btn.addEventListener(MouseEvent.CLICK,db);
    function db(e:MouseEvent):void
    {
        bf_btn.visible=false;
        tz_btn.visible=true;
        yp.addEventListener(Event.ENTER_FRAME,yx);
        num=-1;
    }
    //外部影片运行函数
    function yx(e:Event):void
    {
        yp.gotoAndStop(yp.currentFrame+num);
        if (e.target.currentFrame.==e.target.totalFrames)
        {
            yp.removeEventListener(Event.ENTER_FRAME,yx);
            bf_btn.visible=true;
            tz_btn.visible=false;
            num=-1;
        }
        if (e.target.currentFrame.==1)
        {
            yp.removeEventListener(Event.ENTER_FRAME,yx);
```

```
        bf_btn. visible＝true;
        tz_btn. visible＝false;
        num＝1;
    }
}
```

实训 2　群星飞舞

实训要求：用文档类 ActionScript 3.0 语句，配合补间动画的制作，来模拟制作群星飞舞动画效果，如图 10-30 所示。

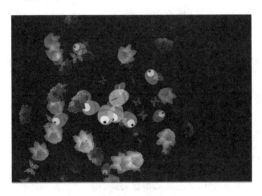

图 10-30　群星飞舞动画效果

操作步骤如下。

（1）新建文档：新建一个 Flash 文档，设置文档宽为 1024 像素，高为 768 像素，背景为黑色，其他默认，取名为"存盘"。

（2）新建元件：新建 4 个影片剪切元件"飞舞的蜜蜂"、"飞舞的蝴蝶"、"花 1"、"花 2"，如图 10-31～图 10-34 所示。再新建一个影片剪切元件 MouseEff，在该元件中利用上面"飞舞的蜜蜂"、"飞舞的蝴蝶"、"花 1"、"花 2" 4 个元件自行设计制作这些元素的动感效果。并在该元件的最后一帧处输入如下脚本

```
this. parent. removeChild( this) ;
stop( ) ;
```

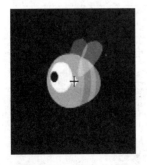

图 10-31　"飞舞的蜜蜂"元件图

图 10-32　"飞舞的蝴蝶"元件图

图 10-33 "花 1"元件图

图 10-34 "花 2"元件

(3) 将 MouseEff 元件定义为类,在"库"面板中选择 MouseEff 元件,右击,在弹出的快捷菜单中选择"属性"命令,在弹出的"元件属性"对话框中输入类名"MouseEff",如图 10-35 所示。

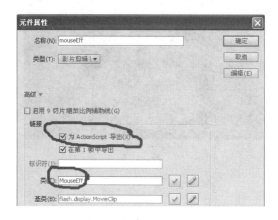

图 10-35 "元件属性"对话框

(4) 编辑场景 1。返回场景 1,打开"库"面板把影片剪辑遮片拖入舞台,设置宽为 1024 像素,高为 768 像素 ,水平中齐,垂直中齐。在颜色的下拉菜单中选择"色调"命令,设置成黑色。在场景 1 的空白处单击鼠标,在"属性"面板的文档类输入框中输入"Test",如图 10-36 所示。至此,动画部分已全部完成,保存。

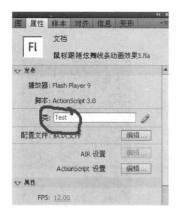

图 10-36 文档类型设置

图 10-37 新建文档

（5）编辑 Test. as 文档。执行"文件"→"新建"命令，在弹出的"新建文档"对话框中选择"ActionScript 文件"选项，如图 10-37 所示。新建一个名为"Test. as"的文件，输入如下代码。

```
package
{
    import flash.display.Sprite;
    import flash.events.Event;
    import flash.events.MouseEvent;
    import flash.filters.BlurFilter;
        public class Test extends Sprite
    {
        private var last:Array = [0,0];
            public function Test()
        {
            this.addEventListener(MouseEvent.MOUSE_MOVE, addEff);
        }
        private function addEff(event:MouseEvent):void
        {
            var ef:Sprite = new MouseEff();
            ef.x = this.mouseX;
            ef.y = this.mouseY;
            ef.rotation = (ef.x-last[0] + ef.y-last[1]) * 12;
            this.addChild(ef);
            event.updateAfterEvent();
            last = [this.mouseX, this.mouseY];
        }
    }
}
```

（6）保存该文档，并把它跟. fla 文件存在同一文件夹下，制作完毕。

实训 3   飘动的气泡

实训要求：利用 ActionScript 3.0 脚本语言来编制气泡飘浮的效果，效果如图 10-38 所示。

图 10-38   气泡飘浮效果图

详细代码如下。

```
function ball(r:int):MovieClip    //自定义函数 ball,参数为 r,整数型,返回值为 MovieClip
{
    var col:uint＝0xffffff * Math.random();  //声明一个无符号整数型变量 col,获取任意颜色
    var sh:MovieClip＝new MovieClip();    //声明一个影片剪辑类实例 sh
    sh.graphics.beginGradientFill(GradientType.RADIAL,
    [0xffffff,col,col],[0.5,1,1],[0,200,255]);
                            //在 sh 中设置渐变填充样式(放射状渐变,颜色,透明度,色块位置)
    sh.graphics.drawCircle(0,0,r);       //在 sh 中画圆(圆心坐标(0,0),半径为参数 r)
    sh.graphics.endFill();           //结束填充
    return sh;                //返回 sh
}
var ballArr:Array＝[];             //声明一个空数组 ballArr
for (var i:int＝0; i<10; i++)         //创建一个 for 循环,循环 10 次
{
    var balls:MovieClip＝ball(Math.random() * 20+20);
    //声明一个影片剪辑类实例 balls,调用函数 ball(参数 r 半径的值为 20～40 之间的随机值)
    addChild(balls);               //把 balls 添加到显示列表
    balls.x＝Math.random() * (stage.stageWidth-balls.width)+balls.width/2;
    //balls 的 X 坐标
    balls.y＝Math.random() * (stage.stageHeight-balls.height)+balls.height/2;
    //balls 的 Y 坐标,使它出现在舞台的任意位置
    balls.vx＝Math.random() * 2-1;
            //为 balls 设置自定义属性 vx,数值为-1～1 之间的随机数,表示 X 方向的速度
    balls.vy＝Math.random() * 2-1;
            //为 balls 设置自定义属性 vy,数值为-1～1 之间的随机数,表示 Y 方向的速度
    ballArr.push(balls);            //把 balls 添加到数组 ballArr 中
}
addEventListener(Event.ENTER_FRAME,frame); //添加帧频事件侦听,调用函数 frame
function frame(e)                //定义帧频事件函数 frame
{
    for (var i:int＝0; i<ballArr.length; i++)
                            //创建一个 for 循环,循环次数为数组 ballArr 的元素数
    {
        var balls:MovieClip＝ballArr[i];
                        //声明一个影片剪辑类实例 balls,获取数组 ballArr 的元素
        balls.x+＝balls.vx;          //balls 的 X 坐标每帧增加 balls.vx
        balls.y+＝balls.vy;          //balls 的 Y 坐标每帧增加 balls.vy
        if (balls.x<balls.width/2)     //如果 balls 出了舞台左边缘
        {
            balls.x＝balls.width/2;    //balls 的 X 坐标获取 balls 宽度的一半
            balls.vx * ＝-1;         //balls.vx 获取它的相反数
        }
        if (balls.x>stage.stageWidth-balls.width/2)    //如果 alls 出了舞台右边缘
        {
            balls.x＝stage.stageWidth-balls.width/2;
                            //balls 的 X 坐标获取场景宽度与 balls 宽度一半的差
            balls.vx * ＝-1;         //balls.vx 获取它的相反数
        }
```

```
        if (balls.y<balls.height/2)              //如果 balls 出了舞台上边缘
        {
            balls.y=balls.height/2;              //balls 的 Y 坐标获取 balls 高度的一半
            balls.vy * = -1;                     //balls.vy 获取它的相反数
        }
        if (balls.y>stage.stageHeight-balls.height/2)        //如果 balls 出了舞台下边缘
        {
            balls.y=stage.stageHeight-balls.height/2;
                                                 //balls 的 Y 坐标获取舞台高度与 balls 高度一半的差
            balls.vy * = -1;                     //balls.vy 获取它的相反数
        }
    }
    for (var j:int=0; j<ballArr.length-1; j++)
                                        //创建一个 for 循环,循环次数比数组 ballArr 元素数少 1
    {
        var ball0:MovieClip=ballArr[j];
                                        //声明一个影片剪辑类实例 ball0,获取数组 ballArr 的元素
        for (var m:int=j+1; m<ballArr.length; m++)           //创建一个 for 循环
        {
            var ball1:MovieClip=ballArr[m];
                                        //声明一个影片剪辑类实例 ball1,获取数组 ballArr 的元素
            var dx:Number=ball1.x-ball0.x;   //声明一个数值型变量 dx,获取
            var dy:Number=ball1.y-ball0.y;   //声明一个数值型变量 dy,获取
            var jl:Number=Math.sqrt(dx * dx+dy * dy);
                                        //声明一个数值型变量 jl,获取小球的距离
            var qj:Number=ball0.width/2+ball1.width/2;
                                        //声明一个数值型变量获取小球半径之和
            if (jl<=qj)                      //如果 jl 小于等于 qj
            {
                var angle:Number=Math.atan2(dy,dx);
                                        //声明一个数值型变量 angle,获取 ball1 相对于 ball0 的角度
                var tx:Number=ball0.x+Math.cos(angle) * qj * 1.01;
                                        //声明一个数值型变量 tx,获取目标点的 X 坐标
                var ty:Number=ball0.y+Math.sin(angle) * qj * 1.01;
                                        //声明一个数值型变量 ty,获取目标点的 Y 坐标
                ball0.vx=- (tx-ball1.x);  //ball0 在 X 方向的速度
                ball0.vy=- (ty-ball1.y);  //ball0 在 Y 方向的速度
                ball1.vx=(tx-ball1.x);    //ball1 在 X 方向的速度
                ball1.vy=(ty-ball1.y);    //ball1 在 Y 方向的速度
            }
        }
    }
}
```

实训 4　下雨

实训要求:通过 ActionScript 3.0 实现下雨的场景。主要通过一个影片剪辑来实现下雨的过程,并使用 ActionScript 3.0 制作下雨的效果如图 10-39 所示。

图 10-39　下雨效果图

操作步骤如下。

(1) 新建文件：新建一个文件，大小设 800×600 像素，将背景色设为黑色。

(2) 创建一个名为"雨"的影片剪辑。

① 在第 1 帧中绘制一条从左上方向右下方倾斜的短直线，颜色设为白色，并在"颜色"面板中将其透明度设为 40%，其位置和大小设置如图 10-40 所示。

② 在第 19 帧插入关键帧，将直线向右下角移动，其位置和大小设置如图 10-41 所示。

图 10-40　第 1 帧短直线的大小及位置设置　　　图 10-41　第 19 帧短直线的大小及位置设置

③ 在第 20 帧处插入一个空白关键帧，然后在该帧中绘制如图 10-42 所示的图形，其位置在第二条直线的右下方一点(注意：用"颜色"面板里应选择"径向渐变"，左右两边色块的颜色都为白色，但 Alpha 的值不一样，如图 10-43 所示)。

图 10-42　第 20 帧的图形　　　　　　　图 10-43　径向渐变设置

④ 在第 25 帧插入关键帧,将该帧中的图形放大一些,并将其颜色设置得更偏白一些,图 10-44 所示其参数设置如图 10-45 所示。

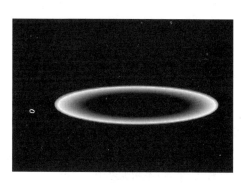

图 10-44 第 24 帧图形

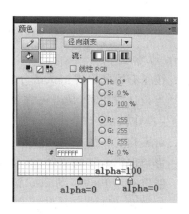

图 10-45 径向渐变参数设置

⑤ 在第 54 帧插入关键帧,将该帧中的图形再放大一些,并将其颜色设置得暗淡一些以表现雨滴溅落后逐渐消失的效果。

⑥ 在第 1～19 帧、第 20～25 帧以及第 25～54 帧之间创建形状渐变动画。

⑦ 在第 75 帧插入空白关键帧,然后在"动作脚本"窗口中输入如下语句,使影片剪辑在播放完毕之后自动移除。

this.parent.removeChild(this);stop(); //移除当前影片剪辑

至此,影片剪辑"雨"制作完成。并选择"雨"元件,把它的类名改为 yu_mc。

(3) 编辑"背景"图层。将"图层 1"重命名为"背景",然后导入图片"风景.jpg",并对其大小进行适当调整,使其覆盖整个动画场景。

(4) 编辑"雨滴"图层,把"库"面板中将影片剪辑"雨"拖动到场景的上方。

(5) 添加脚本。选择"雨滴"图层中的第一关键帧,按 F9 键调出"动作脚本"窗口,并输入如下代码。

```
import flash.events.Event;
//声明一个时间变量,类型 Timer,随机设置时间间隔和控制雨滴数量
var sj:Timer＝new Timer(Math.random()＊300＋100,30);
sj.addEventListener(TimerEvent.TIMER ,sjcd);//用 sj 来侦听时间事件
function sjcd(event:TimerEvent)             //声明一个 sjcd 函数
{
    var yu:yu_mc＝new yu_mc();    //先声明一个对象 xh,类型 xh_mc,等于一种新类型 xh_mc
    addChild(yu);  //把新声明的 yu 对象显示到舞台上
    yu.x＝Math.random()＊550＋50;      //雨滴 x 坐标在 550 舞台上随机出现
    yu.y＝Math.random()＊100＋50;      //雨滴 y 坐标控制在舞台上的 0～200 处随机出现
    yu.alpha＝Math.random()＊1＋0.2;   //雨滴的随机透明度
    yu.scaleX＝Math.random()＊0.5＋0.5; //随机控制雨滴在 x 的宽度
    yu.scaleY＝Math.random()＊0.5＋0.5; //随机控制雨滴在 y 的宽度
}
sj.start();//时间开始
```

（6）测试存盘。

思考与练习

一、概念题

1. 按钮有哪些事件？试区分事件的不同操作效果。

2. 当设计按钮时，是否可在不同状态下引入不同的图像的声音？是否可以设置多层？动手操作试试。

3. 对影片剪辑的控制，一般有哪些方法？

4. 影片剪辑元件的实例，不对其命名能否进行动作控制？

5. 能否利用 Play()、Stop()语句停止按钮的操作？

6. 如何在动画播放过程中，使对象(按钮、影片剪辑等)不可见？

7. 如何在动画播放过程中显示提示信息？

二、操作题

1. 制作一个可以通过单击按钮来控制图像切换的动画。

2. 制作一个随鼠标移动的彩灯动画。动画播放后，一串变化的彩灯跟随鼠标移动，同时彩灯的颜色不断变化。

3. 制作一个跟随鼠标移动的十字线动画。动画播放后，随着鼠标的移动，一个十字线会随着鼠标的移动而移动。

4. 制作一个可以通过单击按钮来控制动画和声音播放和停止的动画。要求当鼠标移动到按钮之上时，会显示相应的文字。

参 考 文 献

［1］思维数码.Photoshop CS2 经典特效案例解析［M］.北京：兵器工业出版社，北京希望出版社，2007.

［2］王威，栗丰，张曜.Photoshop CS 案例教程［M］.北京：冶金工业出版社，2004.

［3］尚峰，张瑞娟.Photoshop CS 照片处理技术案例精解［M］.北京：科学出版社，2005.

［4］锐艺视觉.Photoshop CS2 特效设计经典 150 例［M］.北京：中国青年出版社，2007.

［5］沈大林.Flash MX 高级教程［M］.北京：电子工业出版社，2003.

［6］尚宝鹏.课件制作实务［M］.北京：电子工业出版社，2004.

［7］王树伟，杨源.Photoshop CS3 中文版商业广告设计与应用精粹［M］.北京：电子工业出版社，2008.

［8］晏国英，康昱.中文版 Flash MX 2004 动画制作培训教程［M］.北京：人民邮电出版社，2005.

［9］宋一兵，李仲等.学以致用：Flash 8 中文版基本功能与典型实例［M］.北京：人民邮电出版社，2007.